餐飲行銷實務

胡夢蕾 著

餐旅叢書序

　　近年來，隨著世界經濟的發展，觀光餐飲業已成為世界最大的產業。為順應世界潮流及配合國內旅遊事業之發展，各類型具有國際水準的觀光大飯店、餐廳、咖啡廳、休閒俱樂部，如雨後春筍般建立，此一情勢必能帶動餐飲業及旅遊事業的蓬勃發展。

　　餐旅業是目前最熱門的服務業之一，面對世界性餐飲業之劇烈競爭，餐旅服務業是以服務為導向的專業，有賴大量人力之投入，服務品質之提升實是刻不容緩之重要課題。而服務品質之提升端賴透過教育途徑以培養專業人才始能克竟其功，是故餐飲教育必須在教材、師資、設備方面，加以重視與實踐。

　　餐旅服務業是一門範圍甚廣的學科，在其廣泛的研究領域中，包括顧客和餐旅管理及從業人員，兩者之間相互搭配，相輔相成，互蒙其利。然而，從業人員之訓練與培育非一蹴可幾，著眼需要，長期計畫予以培養，方能適應今後餐旅行業的發展；由於科技一日千里，電腦、通信、家電（三C）改變人類生活型態，加上實施隔週週休二日，休閒產業蓬勃發展，餐旅行業必然會更迅速成長，因而往後餐旅各行業對於人才的需求自然更殷切，導致從業人員之教育與訓練更加重要。

餐旅業蓬勃發展，國內餐旅領域中英文書籍進口很多，中文書籍較少，並且涉及的領域明顯不足，未能滿足學術界、從業人員及消費者的需求，基於此一體認，擬編撰一套完整餐旅叢書，以與大家分享。經與揚智文化總經理葉忠賢先生構思，此套叢書應著眼餐旅事業目前的需要，作為餐旅業界往前的指標，並應能確實反應餐旅業界的真正需要，同時能使理論與實務結合，滿足餐旅類科系學生學習需要，因此本叢書將有以下幾項特點：

1. 餐旅叢書範圍著重於國際觀光旅館及休閒產業，舉凡旅館、餐廳、咖啡廳、休閒俱樂部之經營管理、行銷、硬體規劃設計、資訊管理系統、行業語文、標準作業程序等各種與餐旅事業相關內容，都在編撰之列。
2. 餐旅叢書採取理論和實務並重，內容以行業目前現況為準則，觀點多元化，只要是屬於餐旅行業的範疇，都將兼容並蓄。
3. 餐旅叢書之撰寫性質不一，部分屬於編撰者，部分屬於創作者，也有屬於授權翻譯者。
4. 餐旅叢書深入淺出，適合技職體系各級學校餐旅科系作為教科書，更適合餐旅從業人員及一般社會大眾當作參考書籍。
5. 餐旅叢書為落實編撰內容的充實性與客觀性，編者帶領學生赴歐海外實習參觀旅行之際，收集歐洲各國旅館大學教學資料，訪問著名旅館、餐廳、酒廠等，給予作者撰寫之參考。
6. 餐旅叢書各書的作者，均獲得國內外觀光餐飲碩士學位以上，並在國際觀光旅館實際參與經營工作，學經歷豐富。

　　身為餐旅叢書的編者，謹在此感謝本叢書中各書的作者，若非

各位作者的奉獻與合作，本叢書當難以順利付梓，最後要感謝揚智
文化事業股份有限公司總經理、總編輯及工作人員支持與工作之辛
勞，才能使本叢書順利的呈現在讀者面前。

陳堯帝　謹識

中華民國八十八年八月

自　序

　　目前餐飲市場特別注重包裝與行銷，而一般坊間的書籍均著重於理論或其他行業的行銷案例，甚少有相關於餐飲行銷與銷售的專書，提供本書給予餐旅業者或對此行業有興趣的學子們。本人以從事餐飲業的經驗，再擴充到從事餐飲訂席及業務部的工作心得，彙總編輯此書，希望可以拋磚引玉，讓國內的餐旅教育及市場更加進步。

胡夢蕾

目　錄

第一篇

概論

─第一章─
行銷管理概論

第一節　行銷的意義

　　行銷（marketing）的定義為規劃與執行理念、產品、與服務的孕育、訂價、促銷、與配送，是以交易而滿足個人與組織目標的一種過程。行銷的目的一為創造交易，使買賣雙方都心甘情願地拿出有價值的事物來進行交換。另外，行銷的交易是為了滿足個人與組織的目標，因為各種行銷活動產生出的交易，可以帶來滿足個人或組織的有價值事物，進而滿足其目標。

　　行銷部人員的工作內容為何？首先要考慮的是「目標市場」（target market），也就是餐廳的產品及服務要賣給誰？誰是餐廳的主要客層？環境分析（environmental analysis）為行銷工作的起點，範圍包括政治、經濟、文化及科技等大環境，以及企業股東、競爭者、企業組織與文化等小環境。目的只是為了要掌握所有會影響顧客需要、需要品及需求的因素，藉以制定適合的整體經營決策。為了選擇目標市場（也稱為定位，position），行銷人員必須先分析餐廳的內外部環境，藉以找出在內部條件與外部環境雙方配合下對餐廳最為有利的市場。而在目標市場選定之後，其他產品、價格、通路及促銷的部分也可以陸續成型。

第二節　行銷組合與「四P」

一、行銷組合 vs. 四P

　　行銷組合（marketing mix）是行銷觀念發展的重要概念。它是與市場區隔和目標市場相互產生的，使企業在選定目標市場時，根據市場需求和內外環境的變化，運用各種組合的行銷策略的總體策略。關於餐飲企業經營的成敗，行銷組合的選擇與運用是否恰當，占了相當大的比例。例如餐飲行銷組合是指餐廳按照市場行銷戰略決策，在特定時間，向特定的目標客層以特定的價格（price）、通路（place）和促銷方式（promotion）銷售特定產品（product）的行銷策略總稱。

　　上述的「產品」是簡化用語，意指行銷人員實際對目標市場所提供的產品及服務，「價格」是指目標市場中的顧客為取得產品或享受服務必須支付的金額，「通路」是指將產品或服務運送到目標市場時所涉及的事項及管道，而「促銷」泛指各項廣為目標市場顧客熟知並購買的活動，也可稱為「推廣」。因為此四者的英文都是P開頭，因此也稱為「四P」。表1-1詳細列出行銷組合「四P」與「人」（people）的內容，也可以次組合的方式（如圖1-1）來解釋行銷組合是一個互動的組合。

表1-1　行銷組合「四P」與「人」的內容

產品 product	價格 price	通路 place	促銷 promotion	人 people
・品質 ・水準 ・功能 ・尺寸 ・品牌名稱 ・保證 ・包裝 ・服務項目 ・售後服務	・定價 ・折扣 ・付款方式及條件 ・顧客的認知價值 ・差異化 ・付款時間 ・融資安排	・服務地區 ・營業地點 ・配銷領域 ・運輸 ・儲存 ・庫存	・人員銷售 ・廣告 ・銷售促進 ・公關	・顧客 ・銷售人員 ・人力配置：遴選、訓練、激勵、人際關係 ・態度 ・其他：顧客參與程度、顧客與顧客接觸的程度、顧客與銷售人員接觸的程度

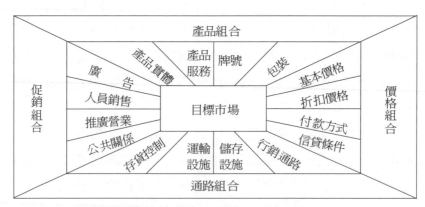

圖 1-1　行銷組合次組合的互動圖

行銷組合具有複合性多層次的組合：

1.產品組合：

　(1)產品實體：決定產品的種類。

　(2)產品服務：產品所造成的相關服務。

(3)牌號：品牌編號（item code），方便登記及管理。

(4)包裝：適合公司及產品形象的包裝。

2.價格組合：

(1)基本價格：須經由產品成本、市場調查及銷售目標來決定。

(2)折扣價格：考量給予大量購買的顧客折扣，或是老客戶的折扣。

(3)付款方式：一般餐飲產品的付款方式為現金、信用卡、匯款、即期支票及簽帳的方式。

(4)信貸條件：欲簽帳的客人必須經由公司財務人員做徵信調查，表示信用良好後才可經由公司的手續辦理簽帳。

3. 通路組合：

(1)存貨控制：考慮每日的售出數量、倉庫的大小、廠商的供貨方式而制定。

(2)運輸設施：相關廠商的送貨、餐廳內的運輸裝置及送貨的交通工具。

(3)儲存設施：各種餐飲產品的儲存溫度及濕度要求。

(4)行銷通路：餐飲產品行銷的管道及管理。

4.促銷組合：

(1)廣告：餐飲產品適合刊登報紙及雜誌的廣告，也可以考慮以消息稿的方式提供給報社的文字記者，由他們整理成新聞發出。

(2)人員銷售：除了專門的餐飲銷售人員，餐廳的每一位服務人員均可成為最好的銷售人員。

(3)推廣營業：餐廳是否考慮在百貨公司及人潮聚集處增加營業的據點。

(4)公共關係：餐廳應對老客戶及媒體記者，進行公關活動來增加行銷活動的效果。

所有組合與次組合的有效組合與靈活運用，是餐廳行銷成功的基本要素。企業在運用整體經營手段時，不但要綜合運用產品、價格、通路、促銷等四大組合因素，並且要注意運用各因素自身的組合力量。

另外，國內外行銷學者對「四P」的分類架構多所爭議，雖然「四P」的架構容易理解及記憶，但在觀念及實務上運用時均有缺陷。舉例而言，促銷的工作範圍應有包含銷售促進（SP），但有關於價格的決定與調整，則不屬於促銷的範圍。如果餐廳舉辦降價促銷活動，將不知該活動應規屬於價格組合或促銷組合？針對此說法，有學者建議把SP獨立出來，與四P形成一個矩陣，可反映SP活動的多元化，另外也可表示SP在企業行銷活動的重要性。所以產品上有SP（例如加菜不加價）、價格SP（打折活動）、通路的SP（經銷商抽獎活動）和促銷上的SP（餐廳業務的業績比賽）。**表**1-2列出較常見的其他行銷組合分類法。

傳統的行銷學其實是美國行銷學，其針對國際市場的探討非常有限。因近年來全球化風潮湧現，學者專家體會到「國情」的差異性，例如柯特勒（P. Kotuer）學者指出，在國際市場上應增加兩個P，為權力（power）和公共關係（public relationship），前者指必須獲得當地有影響力的政府官員、企業領袖的支持，後者則強調應適當瞭解當地的風土民情，透過各種社會文化活動，扮演良好企業公民及做好公共關係。加入此兩個P稱為巨行銷（megamarketing）。餐廳企業的公共關係，可指為消費者對其企業及產品的看法為

表1-2　四P及其他行銷組合分類法

分類法	麥克塞 (E.Jerome Mecanthy)	科里爾 (John D-Correlc)	莫里森 (Alastair M. Morrison)	考夫曼 (C. oewitt Coffman)
P	四P	五P	八P	五P，十二次組合
應用企業		觀光旅遊	觀光行銷	餐飲旅館
內容	1.產品 2.價格 3.通路 4.促銷	1.產品 2.價格 3.通路 4.促銷 5.人	1.產品 2.價格 3.通路 4.促銷 5.人 6.包裝 7.活動企劃 8.合夥關係	1.產品 2.價格 3.通路 4.促銷 5.人 (1) 產品計畫 (2)定價 (3)品牌名 (4)行銷通路 (5)人員銷售 (6)廣告 (7)促銷 (8)包裝 (9)企劃 (10)服務 (11)儲存 (12)市場調查

何？餐廳可透過服務項目、廣告運用、社區服務、公益贊助來建立
其與消費者的良好互動關係。 由以上所述使我們瞭解，「目標市
場加四P」的觀念架構，並不足以打遍天下無敵手，餐廳企業是多
變的，企業必須即時搭配內外環境的變化，調整其最適的行銷策
略，以便在競爭者中脫穎而出，百戰百勝。

二、行銷組合的特點

行銷組合的特點分述如下：

1. 是由企業可控制因素組成：行銷組合內的因素都是企業可以控制的因素，例如產品組合中的產品實體、產品種類、產品牌號、產品包裝次組合，也都是企業可以控制的因素。
2. 是一種動態的組合：因為每一個次組合會互相影響，形成一個「牽一髮而動全身」的組合。
3. 可為許多次組合來組成：行銷組合具有複合性多層次的組合。例如價格組合包含基本定價、折扣、付款方式與繳款期限及信貸條件等。所有組合與次組合的有效組合與靈活運用，是餐廳行銷成功的基本要素。

三、餐飲行銷組合的範例

(一)中秋月餅

1. 產品組合：
   (1)產品實體：因為廚師每日的工作已經很忙碌，餐廳及飯店不一定要自己製造月餅。可以找尋月餅的製造廠商，進行試吃及比價的過程，選定優良的廠商來提供貨源。坊間也有餐廳一定必須自行製造，例如保存期短的蘇式月餅、運用促銷策略而現量發行的Hello Kitty月餅等。

①月餅：

  ・大小：小盒、中盒、大盒

  ・口味：素食、鮮栗子、起司、抹茶、水果、鮪魚、低糖、XO蛋黃

②相關產品：

  ・蛋黃酥

  ・鳳凰酥

  ・真空禮盒系列：麻鮑、排翅、官燕

(2)產品服務：中式餐廳服務月餅時，可搭配味道清香的茶，來除去月餅的甜膩。如在客房中服務月餅，應在傍晚時由客房餐飲或房務人員送入，另附上搭配的餐具（口布、點心盤、大刀及大叉）。

(3) 牌號：小盒IB001、中盒IB002、大盒IB003。

(4)包裝：包裝的材質及色彩，需要配合餐廳的形象及衛生單位的規定。不可以過份包裝造成資源浪費及環境污染。例如某大飯店在1999年的月餅包裝除了木盒外，發泡塑膠套、保麗龍、紙架、布、紙套共九層，包裝比重高達0.7，而不必要的包裝層次有五層。（資料來源：1999新環境基金會）

2.價格組合：

  (1)基本價格：小盒800元、中盒900元、大盒999元。

  (2)折扣價格：訂購二十盒以上九折優惠，五十盒以上八五折優惠，一百盒以上可享八折優惠。

  (3)付款方式：現金、匯款及信用卡，也收取即期支票。

  (4)信貸條件：老顧客及信用良好客戶可以簽帳方式購買。

3.通路組合：

  (1)存貨控制：參考表1-3「中秋月餅銷售計畫」中的每日銷售數量、餐廳儲存空間的大小、月餅廠商送貨的時間，來決定存貨的數量及管理。

  (2)運輸設施：市區送月餅服務的交通工具。

  (3)儲存設施：月餅需儲存在有冷氣的通風場所，另外需依保存日期的前後，做先進先出（first in, first out）的管理。

  (4)行銷通路：除了中餐廳可銷售月餅外，點心房及大廳酒吧也是醒目的銷售據點。

4.促銷組合：

  (1)廣告：可刊登市區的報紙廣告（外報頭大小）、電子看版、大型海報、紅布條也是不錯的促銷方式，亦可提供消息稿給予報社。

  (2)人員銷售：餐飲業務及客房業務人員，最重要的是餐廳的服務人員及銷售據點的銷售人員。

  (3)推廣營業：除了飯店的銷售點，另可增加其他的據點。

  (4)公共關係：餐廳贈送月餅給予重要的顧客、公關部贈送月餅給予媒體記者、採購部贈送月餅給予搭配的廠商、業務部贈送月餅給予重要的簽約公司等。

(二)麥當勞：麥當勞之行銷4P

1.產品：

  (1)產品實體：食品的冷藏時限約是配送至門市中心後五天，冷凍則為三十天；每一門市中心一星期進貨四次；不過顧客不用擔心會有存貨產生，因為通常一次的進貨量會在三

表1-3 中秋月餅銷售計畫

銷售期間	農曆7月30日至8月15日
銷售據點	中式餐廳、點心房、大廳酒吧
計畫銷售口味	伍仁金腿、松子蓮蓉、低糖起司、抹茶瓜仁、豆沙素月、棗泥核桃
計畫銷售成本	大月餅$52/個，小月餅$13/個，包裝價$80（含紙盒$61及提袋$19）
銷售定價策略	大盒售價$800（含稅），成本36%　　小盒售價$750（含稅），成本32.7% 進貨成本　$288　　　　　　　進貨成本　$245 　廠商進價　$208　　　　　　　　廠商進價　$165 　包裝　　　$ 80　　　　　　　　包裝　　　$ 80
今年計畫售價與 去年實際比較	<table><tr><td></td><td>88年度</td><td>89年度</td></tr><tr><td>大月餅（4粒）</td><td>$650</td><td>$800</td></tr><tr><td>小月餅（12粒）</td><td>$600</td><td>$750</td></tr><tr><td>大月餅／單位</td><td>$170</td><td>$200</td></tr><tr><td>小月餅／單位</td><td>$ 50</td><td>$ 65</td></tr><tr><td>九折售出</td><td>大：585，小：540</td><td>大：720，小：675</td></tr><tr><td>八五折售出</td><td>大：553，小：510</td><td>大：680，小：600</td></tr><tr><td>八折售出</td><td>大：520，小：480</td><td>大：560，小：525</td></tr></table>
今年預估數量與 去年實際比較	收入：　　　　　　　　　　　　成本： 大：1,960 x $800 = $1,568,000　　52 x　4 x 1,960 = $407,680 小：1,800 x $750 = $1,350,000　　13 x 12 x 1,800 = $280,800 　　　　　　$2,918,000　　　　　　　　　　$688,480 <table><tr><td></td><td>1999（實際）</td><td>2000（預估）</td><td>成　長</td></tr><tr><td>收入：</td><td>$1,363,652</td><td>$2,918,000</td><td>114 %</td></tr><tr><td>成本：</td><td>$ 599,005</td><td>$ 688,480</td><td>14.9 %</td></tr><tr><td>毛利$</td><td>$ 764,647</td><td>$2,229,520</td><td>192 %</td></tr><tr><td>利潤%</td><td>56.07 %</td><td>76.41%</td><td></td></tr></table>
改進建議	1.月餅盒的設計建議改用一件式設計，並增加專屬的手提袋。 2.各使用單位於訂貨時，儘量給予正確的數量，否則需給予採購部及廠商四日的工作天準備。 3.各承銷月餅的單位需完成所有數量的銷售，否則需自行吸收成本，不可以退貨。

（續）表1-3 中秋月餅銷售計畫

月餅銷售執行時間表	日期	執行事項	執行單位
	4月	4/15月餅銷售計畫提交	中餐廳
		4/25採購廠商報價	採購部
	5月	5/5月餅銷售式樣、包裝組合、口味、數量確定	採購部
		5/18公關部撰寫文宣品文案、銷售標語（slogan），設計室設計包裝	公關部 美工設計
	6月	6/1 各部門及單位填寫預估請領表	各部門及單位
		6/23 文宣品、包裝盒、包裝袋完稿送交印刷廠付印	美工設計
	7月	7/1 預估請領表完成數量統計由採購部統一採購	採購部
	8月	8/1 文宣品、包裝盒、包裝袋交貨，分發至各單位開始宣傳	各單位
		（與中華美食節一同促銷）	餐飲部
		8/20 月餅交貨，各銷售單位開始請領	庫房
		8/25 月餅宣傳海報完成	美工設計
	9月	9/1 開始銷售月餅	中餐廳
		9/16 中秋節，銷售的最後一天	各銷售單位

天內用完。此外，為讓顧客享用口感美味一致的食物，每樣食品調理後皆有保存時間。如漢堡是十分鐘、薯條與雞塊為三十分鐘等等，超過保存時間，一定不會銷售到顧客手中。

(2)產品服務：溫度也是受到嚴密控制的，未達到食品安全溫度者，只有淘汰的下場了。所以在重重把關之下，麥當勞的產品都是新鮮、多樣、熱騰騰且調理得當的，並確保每一位顧客在任何時間都能享受到相同品質、相同口感的麥當勞美味。

(3)產品牌號／包裝：麥當勞產品的研發設計、組成、命名、包裝，都是由總公司訂定的，成為現在熟悉的麥當勞。較不同於世界其他國家的麥當勞。

2.價格：

(1)基本價格：產品銷售的價格有一套企業內部的商業公式，當然這是屬於麥當勞的商業機密。不過基本上是依照成本加上合理的利潤，再考慮同業市場價格、匯率變動、顧客接受度等等因素考量而成的。所以有詳密的考量，使得在某些不景氣的經濟市場上，麥當勞依然能穩穩地前進。

(2)折扣價格：各式組合套餐、有時效性的折扣券。

(3)付款方式：因為消費的金額不大，要求顧客以現金付款。

3.通路：

(1)存貨控制：麥當勞擁有專屬的食品供應商和配銷中心，從生產、配銷到品管，皆一貫作業，並要求最高水準。配銷中心引進國外最先進的倉儲理念和科技設備，負責將食品原料及應用工具，經過集中倉儲後，再依科學化的配銷技術分別運輸配送至各門市中心。不僅確保供貨品質，更提高存貨週轉率，有效降低存貨成本。

(2)行銷通路：麥當勞各門市中心的成立，除了要提供給顧客更方便的購餐環境，當然還有企業內外部的成長，這些都是牽涉地點的選擇。一個地點的結構和組成條件是決定企業成功的重要因素。麥當勞各門市中心的外觀和內部結構幾乎是一樣的，不同的是地點的組成條件。如有些門市中心是設在大都市百貨公司內，有的則位於交通便利重要處，像是火車站或交流道出入口，有些則進駐鄉鎮。在大

都市及百貨公司內，因為容易聚集人潮，所以存在著很大的商機。

(3)儲存／運輸設施：同存貨控制所述。

4.促銷：

(1)廣告：麥當勞在促銷上的廣告方面，大部分採取電視傳播媒體和各門市中心的文宣、看版、店頭廣告（POP）以及櫃檯人員的銷售。傳媒的廣告效果是很好的，雖然廣告費用龐大，但此成本可讓台灣三百多家分店分攤。至於店內的廣告設製，則又加深了顧客的印象。當然第一線的櫃檯人員更能直接的傳達廣告訊息，活動的促銷也就更成功。而在公關方面，總公司有所謂的公關部門，若於各門市中心負責和顧客接觸、瞭解顧客需求的則是接待員，他（她）們會在座位旁走動，不時的關心顧客，給予顧客最好的服務，並主持小朋友的生日餐會等等。

(2)促銷活動：麥當勞在全省的門市中心，每月皆推出不同的促銷產品，例如促銷產品——麥香堡，這樣的促銷活動皆是全省一致的。除了全省一致的促銷活動外，還有區域性及單店性的促銷活動。區域性的促銷活動通常在特定的區域內方能實行，例如「麥香雞優惠卡」的優惠活動即可以特價39元（原價65元）購買麥香雞漢堡乙個，以特價94元（原價99元）購買麥香雞餐乙份，這個活動是僅限於基隆市、台北縣、桃園縣市、新竹縣市、宜蘭縣市、花蓮縣市的麥當勞才能使用的。至於單店促銷，在台灣早期麥當勞是以這樣的方式進行銷售，後來隨著門市中心的急速擴展，以及考慮到人員單店銷售的成本，單店性的促銷已經

很少了，不過在單店的週年慶之類的慶祝活動，還是有單
店性的促銷活動存在。

(3)推廣營運：麥當勞也在交通便利處，設置「得來速」則方
便來往的車上顧客；不過總觀而言，麥當勞似乎有著創造
商圈繁榮的神奇魅力，因而吸引了不少追隨麥當勞進入新
興商圈的業者。

第三節　行銷的重要性

　　對於餐旅企業而言，目標均為營利，而為了獲得利潤，就必須
產生交易，也就是需要有顧客來購買產品或服務。問題是為何有人
願意花費來購買餐旅產品及服務呢？因為該產品或服務可滿足顧客
的需要（needs），使顧客願意用有價值之物（金錢）來做交易。所
謂需求，其實泛指生活中各種身心理、有形或無形的獲得滿足的事
項，例如每天的三餐、過夜的住宿、獲得的尊重皆可在旅館企業中
獲得。上述用以滿足需要的事物可稱為需要品（wants），最後，如
企業廠商提供需要品在市場上創造交易，此時該需要品產生一種購
買力支持，在市場上產生需求（demands）（參考表1-4）。

　　另外，有需求才會產生交易，而行銷是為了創造交易，因此行
銷管理也可被視為需求管理。表1-5展示了在各種需求狀況下所要
達成的行銷任務及其範例。其次，餐飲企業所提供的產品或服務是
屬於需要品，其需求來自於可滿足顧客的各種需要，而非顧客偏愛
產品或服務的本身。也就是說顧客來餐廳用餐，大部分是因為對食
物飲料的口腹需要，而不是無目的地對食物飲料沒有節制地享用或

表1-4 餐旅企業的需要與需要品

需 要	需要品	產品或服務	提供之企業
用餐	速食	漢堡、炸雞	麥當勞
	江浙合菜	＊	飯店餐廳或獨立餐廳
	西式自助餐	＊	飯店餐廳或獨立餐廳
住宿	商務客房	Business Floor	商務飯店
	旅遊團體	團體房（雙床房）	休閒飯店
	女性客層	仕女樓層	商務或休閒飯店

表1-5 各種需求下的行銷任務

需求狀況	行銷任務	範例	行銷名稱
無需求	創造	環保運動	刺激性行銷
需求滑落	恢復	降價促銷	再次行銷
需求不規則	平衡	生意尖峰期差異的餐價	調和行銷
需求已飽和	維持	例行性行銷活動	維持性行銷
需求已過度	減少	暑假旺季提高飛機票	低度行銷

是情有獨鍾。因此，餐廳對顧客來說，有多種的選擇性產生行銷與
銷售的競爭環境。顧客的需要品及需求並不是一成不變的，例如現
在國人出國旅遊次數增加，對外來食物的接受度普遍增加，所以餐
飲業流行西方的美食及速食。加上國民所得增加及行業的轉移，對
飲食的需求已由農業時代的「吃飽」轉變為要「吃好」，故餐飲市
場的需求是多變的，想賺錢的餐廳必須跟上流行的腳步。

第四節　行銷計畫

　　行銷計畫（marketing plan）可以為三部分組成，即「企劃摘要」、「立論基礎」及「執行計畫」。「立論基礎」說明行銷計畫所依據的各種事實、統計數據分析及進行假設推論；敘述針對某特定期間所選擇的各種行銷策略、目標市場、定位方法及行銷目標。「執行計畫」則必須詳述行銷預算、員工責任、各項活動、工作時間表及控制評估各種活動的方法。

專欄1-1　未來餐旅業發展的趨勢 ••••••••••••••••••••••••••••••

1.品質繼續提升。

2.生活型態轉變——多單身、單親、外食。

3.客層區分明顯——個人主義抬頭。

4.促銷折扣競爭。

5.提高附加價值。

6.顧客服務至上。

7.加快速度的革命。

8.選擇豐富多元性。

9.技術與證照保證。

10.策略聯盟與資源共享。

第二篇

定位區隔策略

─第二章─
市場定位與區隔

第一節 消費市場

餐旅產品屬於消費產品,與工業產品比較,消費的產品不需再經過加工或製造,可直接提供給消費者使用。因此,凡是以最終消費者為銷售對象的市場,即可稱為消費市場。消費市場的特性有:

1. 消費者人數眾多:因為消費市場的範圍較廣,所以人數眾多。例如需要餐飲的人都是餐飲的消費者。
2. 消費的人口集中:針對餐飲方面較適合,因為客房的商務客人可能來自全世界任一個角落。
3. 多次購買特性:因消費市場的產品是會被消耗的,所以有多次購買或大量購買的需要。
4. 大部分是感性購買:民生消費品也因消耗性大,市場供需選擇多,所以大多屬於沒有計畫或衝動式的購買。
5. 習慣購買:個人消費者的餐飲口味通常是不會改變的,所以有其特殊的喜好而養成習慣,對穿著、興趣、購物也會養成習慣。

第二節 環境分析

市場分析(market analysis)或調查,是指對新的餐飲企業之潛力市場需求所做的一項調查研究,藉以判定市場的潛力是否夠

```
┌─────────────────────────────────────┐
│ 可行性分析                            │
│ 市場分析                              │
│ ┌─────────────────────────────────┐ │
│ │ 1.環境分析                       │ │
│ │ 2.市場潛力分析                   │ │
│ │ 3.主要競爭者分析                 │ │
│ │ 4.地點與社區分析                 │ │
│ │ 5.服務分析                       │ │
│ │ 6.行銷定位與計畫分析             │ │
│ └─────────────────────────────────┘ │
│ 7.定價分析                           │
│ 8.收入與支出分析                     │
│ 9.發展成本分析                       │
│ 10.投資報酬率與經濟可行性分析        │
└─────────────────────────────────────┘
```

圖2-1　市場分析與可行性分析的步驟關係

大？形勢分析（marketing environment analysis）與市場分析相當類似，但形勢分析是使用在已經存在的企業，它是某個企業的行銷優點、缺點及行銷機會的調查研究。而可行性分析（feasibility analysis）則是指針對某個企業之潛力需求及經濟可行性所做的一項調查研究，包括市場分析及其他的步驟，它可以檢視新餐飲企業在開始時所需要的總投資金額及未來財務的報酬率（參考圖2-1）。

一、SWOT

行銷環境或形勢分析的目的是為了要找出企業應以何種方式滿足哪些顧客的何種需要？也就是行銷學常用的SWOT分析，分析內外環境中的長處或強勢（strengths）、弱點或弱勢（weaknesses）、機會（opportunities）、威脅（threat），藉以選出最適當的決策，這也是已經存在的餐旅企業進行行銷研究的第一個階段。SWOT帶來

的好處有：

1. 集中焦點於各種優點及缺點：業務繁忙的餐飲企業常常容易忽略大環境的變化，所以一年一次的SWOT，可以幫助集中焦點在凸顯優點及修飾缺點。
2. 幫助長期性的規劃：SWOT檢視未來的行銷趨勢，確保適當的長期規劃。
3. 幫助行銷計畫的發展：SWOT幫助建立行銷計畫的架構。
4. 附帶利益：SWOT常常會有「附帶品」，例如服務的缺點、競爭者的優勢等。

表2-1列出環境分析的範圍及目的，皆為企業高階主管所需掌握的事項。

表2-1 環境分析的範圍及目的

環境	重要項目	目的
政治環境	與企業有關的法規： 1.公平交易法 2.消費者保護法 3.專利 4.商品標示法 5.商品檢驗法	企業的定位
社會環境	人口：人口統計、人口成長率、人口結構、家戶（household） 文化：語言、價值觀、識字率	
經濟環境	國民所得：國民生產毛額 景氣指數	
競爭環境	競爭者關係、市場規模、市場潛力	
內部環境	企業資源、企業能力	

二、SWOT的步驟

　　形勢分析（通常稱為SWOT分析）包括六個步驟，分析從大環境（行銷環境分析）到小環境（地點與社區分析），最後縮小到針對該餐旅企業組織做行銷定位與計畫，當然其中均包含對各種優點、缺點、機會與威脅所做的分析。**圖2-2**為形勢分析與市場分析步驟的比較。注意兩者的第2及第4的步驟調換，因為在形勢分析中，企業的地點已經設立，資訊可以由過去的顧客取得，所以先進行地點分析。

1.行銷環境分析：檢視五個環境要素──競爭、經濟、政治與立法、社會與文化、科技，以及其對企業所帶來的衝擊。分析這些要素有助於凸顯各種行銷機會及威脅。
2.地點與社區分析：首先針對整個地理區域做分析，然後評估社區的趨勢及其影響的衝擊。
3.主要競爭者分析：決定主要的競爭者，通常確定二至三個主

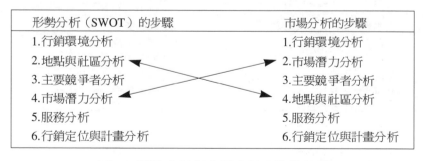

形勢分析（SWOT）的步驟	市場分析的步驟
1.行銷環境分析	1.行銷環境分析
2.地點與社區分析	2.市場潛力分析
3.主要競爭者分析	3.主要競爭者分析
4.市場潛力分析	4.地點與社區分析
5.服務分析	5.服務分析
6.行銷定位與計畫分析	6.行銷定位與計畫分析

圖2-2 形勢分析與市場分析步驟的比較

要的競爭者，然後針對其優缺點加以分析評論。

4. 市場潛力分析：需同時考慮該餐旅組織以前的及潛在的顧客群。可以使用輔助研究及原始研究的組合。所謂輔助研究是指由其他來源而得的各種資訊，無論是內部（餐廳顧客資料）或外部。而原始研究則是指經由輔助研究而得的第一手資料，以期回答某些特定問題。

5. 服務分析：企業的長處及短處？機會及威脅？

6. 行銷定位與計畫分析：考慮兩個關鍵問題，一為「我們在潛在顧客及以往顧客的心裡占有何等地位？」，另一為「我們的行銷效果如何？」。

　　SWOT的主要目的是作為一種基本架構，以引導企業在進行的環境中選擇主要機會的工作。然後這些機會可能被當作適當的企業長處。其次要的目的是找出並分析對企業可能有傷害的威脅，和在主要環境中可能需要改善的弱點。一般來說，威脅與弱點合稱為「問題」。餐飲環境典型的SWOT分析變數，參考**表2-2**。

表2-2　餐飲環境典型的SWOT分析變數

長處	弱點
1.好地點	1.成本控制差
2.滿意度高的產品與服務	2.利潤低
3.顧客在增加	3.產品組合差
4.成本低	4.顧客滿意度差
5.資金充裕	5.顧客數量降低中
6.行銷系統良好	6.業績持續下降
7.優秀的管理團隊	7.公司形象差
機會	威脅
1.競爭者少	1.經濟衰退
2.商圈形成產品需要	2.競爭者強大
3.商圈人口成長	3.道路施工，影響生意
4.顧客想要變化	4.商圈人口減少

第三節　目標行銷

　　市面上很少有產品可以一次滿足所有消費者的需求，所以企業
應該發展不同的行銷策略以滿足不同消費者的需求。此過程稱為
「目標市場行銷」或是「目標行銷」（target marketing），並且包括
四個基本步驟：確認有需求但未滿足的市場、決定區隔市場、選擇
目標市場、透過行銷策略來定位產品及服務（如圖2-3）。

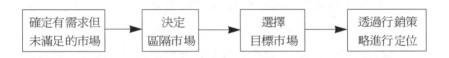

圖2-3 目標行銷的過程

第四節　市場區隔

　　市場區隔（market segmentation），是指將一個大的市場根據某
些特定的區隔變數，分為幾個不同消費者特徵的集團，即被稱為區
隔市場（segment market）。為每一位消費者發展行銷策略是不可能
的，但行銷人員可以確認有共同的需求及對行銷作出類似反應的廣
大購買者的群集。Eric N. Berkowitz、Roger A. Kerin 和Willian
Rudelius表示市場區隔是「把市場劃分為不同的部分，使其有共同
的需求、對行銷活動有類似的反應」。此區隔過程包括五個不同的

步驟：

1.根據顧客需求將顧客分類。
2.尋找將行銷活動分類的方法。
3.發展一個市場產品矩陣，使公司產品或行為與市場區隔有關。
4.選擇目標區隔——公司可根據其制定行銷活動。
5.採取行銷行動以接觸目標區隔。

　　美國行銷專家史密斯（W. R. Smith）提出的市場區隔概念，消費者被認為具有異質性，而市場（market）是由許多異質單位所組成，Smith並強調可在差異中發掘某些共同或相關的因素，可以將一個錯綜複雜的市場，區分為若干個小市場，使各區分出的小市場內部的差異性降低，而顯現出其獨特的特徵，可幫助企業做出更正確的行銷決策。

一、市場區隔的變數

　　在餐飲企業決定市場區隔前，應該先分析具有創造力的區隔變數。參考由國內學者王志剛等合著的《行銷學》中，建議變數可分類為五大類：地理變數（geographic variable）、人口統計與社會經濟變數（demographic and socioeconomic variable）、心理變數（psychographic variable）、行為變數（behavioristic variable）、利益變數（benefit variable）。請參考表2-3市場區隔的基礎變數表，而運用到餐旅市場的變數如下：

表2-3 市場區隔的基礎變數表

主要構面	區隔變數	典型範例
區隔變數與 消費者市場類型 消費者特性		
地理	區域	太平洋、大西洋
	城市／首都統 計區(SMA)	5,000以下、5,000-19,999、20,000-49,999、 ~4,000,000或以上
	密度	城市、鄉村、郊區
	氣候	南、北
人口統計	年齡	嬰兒、6歲以下、6-11歲、12-17歲、18-24 歲、25-34歲、35-49歲、50-64歲、65歲 以上
	性別	男、女
	家庭人數	1-2人、3-4人、5人以上
	家庭狀況	單身、新婚、有6歲以下小孩、晚婚、老單 身
	收入	
	教育	小學或更低、國中、高中、大專、研究所
	種族	黃、黑、白、其他
	生活型態	擁有自己的時間、價格及重要性、信仰
購買情境		
利益來源	產品特色	一般、特殊
	需求	經濟、品質、服務
使用習慣	使用率	低、中、高
	用戶狀況	非使用者、以前用戶、潛在用戶、首次用 戶、經常用戶
知識與意願	購買意願	無意識、意識到、被告知、感興趣、自願 購買
	品牌熟悉度	堅持、喜歡、認知、不認識、拒買
購買狀況	購買行為類型	中等水平、比較購買、專門購買
	商店類型	便利、寬敞、專門

(一) 地理變數

　　地理區隔法中，市場可以被劃分為不同的地理單元，這些單元可能是洲別、國家、政府甚至於是相鄰的地區。消費者根據地理位置的不同而有不同的消費習慣。

　　地區：郊區及市區。市區的住房客層與郊區大不相同，以商務客層居多；而台北市區與台中市區的商務客層也有不同。因台北市受到參加台北國際世貿展覽協會所舉行的各式展覽行程，而有變化；台中市因無國際性的大型展覽，所以幾乎商務客層局限在附近的腳踏車、製鞋帽及工業區的廠商。餐飲的市場也因市區與郊區而有所不同，一般市區的餐飲口味會較為國際化，也會搭配較多的美食促銷活動，而郊區的餐飲為了凸顯特色，吸引遊客，多會與本地土產的山野時蔬做搭配，創造商機。　參考**範例2-1**餐飲地理客源分析，餐廳可以依照地理客源的分析，而找出適合的客層再加強促銷。

(二)人口統計與社會經濟變數

　　人口統計的變數，如年齡、性別、家庭狀況、教育、收入所得和社會階級，來劃分市場被稱為人口統計區隔（demographic segmentation）。

　1.年齡層：在餐飲方面，不同年齡層有其適合的口味，另外，年齡層也可反應其消費的能力。例如一般的美式速食餐廳、連鎖餐廳，都走兒童、青少年或年輕上班族的路線，搭配的活動也以吸引自己的目標客層及輕鬆活潑的方式為主。

台北、桃園
新竹、苗栗（4.6%）

大坑、潭子、豐原、神岡、　　太平、大里、霧峰、烏日
新社（9.2%）　　　　　　　（16.4%）

─────────────────────　三民路

北屯區（11.2%）

中區、美術館（15%）

─────────────────　文心路

西屯區、逢甲大學（18.1%）

南區、台中工業區7.9%

沙鹿、大甲、清水、梧棲　　龍井、彰化、員林、南投、大肚
（6.2%）　　　　　　　　（11.3%）

（由總數2,260人份數算百分比例）

2. 性別：在餐飲方面，一般女性的口味及分量都比男性要淡或少，所以在設計菜單時，主廚應抓及平均來設計；或是餐廳服務員在點菜配菜時，需有性別喜好及分量的經驗，使前來用餐的顧客特別愉悅。在旅館住房方面，因為女性商務人士的比例增加，有的商務飯店甚至於規劃一整層的「仕女專屬樓層」，給予女士更多的尊寵及重視；另外在搭配活動方面，也可能會以女性或母性為訴求，設計一系列的活動，請參考**範例 2-2**。

┌─────────────────────────────────┐
│ **範例2-2　台北國賓飯店的「仕女饗宴」** │
└─────────────────────────────────┘

　　只要在非假日用餐時段,女性顧客至台北國賓可獲得用餐九折、購物折扣等優惠,另於特定日期舉辦「新女性成長講座」,例如由粵菜廳的副主廚——林世元師傅教授紅燒海參及紫蘇梅影蝦,川菜廳主廚——彭武城師傅教授黑椒牛柳及魚香茄餅。

　　3.所得:餐廳旅館的營業額由客人的消費額而來,如果所得高自然消費的能力會提升,如果餐廳販賣的是高級的料理,其目標的「小」市場,就應該針對高收入高所得的客戶。

　　4.職業:例如軍、公、教、農、商、工等,一般餐廳的目標的「小」市場,可能無法從職業上區分,但高級餐館目標「小」市場的顧客,大部分是商業人士,因為生意上的往來需要應酬,需要用餐及住宿的服務。

　　5.種族與宗教:例如餐飲市場上,開設的異國美食餐廳,通常會製做該國的特殊美食,但是為了迎合台灣的顧客口味,有時也會稍加修改。甚至有因宗教忌食的餐廳,就無法看到豬肉或牛肉的料理。

(三) 心理變數

　　根據個性及生活型態來劃分市場稱為心理區隔(psychographic segmentation)。雖然個性是否為有效的區隔因素仍有分歧的意見,但是生活型態因素已經被確認且有效的被運用,甚至認為生活型態是最有效的區隔準則。

1.個性：個性樂觀喜愛熱鬧的人，將會選擇熱鬧的美式餐廳、家庭式的餐廳（family restaurant）；個性獨立喜歡獨處的顧客，則會選擇咖啡廳單點、或是吧檯式的吧檯椅。

2.生活型態：可以分為新潮型及保守型。保守型的顧客不習慣參加各種新奇的美食活動，用餐的時候喜歡去同樣的餐廳，獨自坐在同樣的桌位，點用相同的餐食，最好連服務人員都是同一人。而新潮型的顧客，則是完全相反，用餐的時候喜歡去不同樣的餐廳，點用不相同的餐食，最好是新推出來的餐式，有美食節時從不缺席，有參加促銷活動的癖好。

(四) 行為變數

根據消費者的消費忠誠度、對產品的態度、購買及使用的場合、產品的使用率及對行銷因素的接受度，將消費者分類稱為行為區隔（behavioristic segmentation）。

1.消費忠誠度：一般消費者對餐飲口味的忠誠度都很高，但對餐廳的忠誠度卻不一致，原因可能是餐廳的品質控制不好，或是其他相關的因素影響，例如服務態度、服務的速度及菜色的變化等。

2.對產品的態度：消費者如對餐飲產品肯定，則會充當最佳的推銷員，幫你的餐廳做廣告，告知他們的親朋好友。相反地，如果對餐廳產品持否定的態度，不只自己不會再光顧，也會一傳十、十傳百，使餐廳的信譽慢慢變差。

3.購買及使用場合：需研究顧客使用餐飲的目的及場合，一般會至大飯店餐廳用餐的顧客都有其特殊的理由，例如洽商、

舉辦活動、參加活動、慶祝、嘗鮮或嘗新等。特殊的場合如婚宴、會議用餐、餐廳的外賣、餐廳的廂房等。

4. 產品的使用率：行銷人員所努力的目的，即為設計各式產品及活動，增加餐飲產品被顧客使用的頻率；而銷售人員所努力的是在目標客層中，找到使用率高的「常客」，或是拉攏使用率高的顧客，使其均在本飯店或餐廳來點用產品的需求。例如某日商保證給予A飯店每年2,000個住房數，B飯店1,000個住房數，以便在兩大飯店中拿取較好之住房折扣，A飯店的業務人員如果可能爭取到每年3,000個住房數均全轉移至A飯店，則可縮減業績的壓力。

5. 對行銷因素的接受度：針對不同需求及注重點的顧客，會使用不同的行銷方式，例如餐飲的品質、媒體廣告、價格優惠、特殊服務、促銷活動等。例如針對會議市場，可以考慮刊登在商務人士、公家機關、企業團體常閱讀的專業性期刊及雜誌。

(五)利益變數

在購買產品時，消費者通常是為了滿足某些需求或願望。消費者是在尋找可以提供特殊利益的產品，所以，以產品屬性為基礎將消費者群聚起來稱為利益區隔（benefit segmentation）。例如購買食物時，消費者可能是因為方便性、美食、飽足、好奇或是追求流行的利益。

二、有效的市場區隔

並不是所有的消費市場都可以或有必要作市場區隔，當市場本

身很小，或販賣的產品差異性不大時，則企業可考慮不用作市場區隔。一般決定是否需實施市場區隔的考慮因素有：

1. 行為的差異性：被區隔出來的市場，應該與其他特定的市場有顯著的差異性存在。餐飲方面，家庭式餐廳與會員俱樂部的營運方式就完全不同，相同的飯店可能同時存在家庭式餐廳，與私人的會員俱樂部。

2. 定量性：在市場被區隔出後，可以產生一定水準，且具獲利性的區隔市場。即區隔市場足以當作目標市場時，才有區隔的必要。

3. 可接受性：餐飲企業所實施的行銷策略，必須可以接近區隔市場的顧客，被消費者接受。

4. 可衡量性：被歸屬於某一特定區隔市場的消費者，必須具有若干相同的特徵，而且是可以被測量出來的。

5. 穩定性：市場被區隔出後，可以不改變其內涵，其區隔市場不會因時間的變化而不同。

三、決定哪一個區隔提供最大潛力

市場區隔的結果會揭示可能的市場機會，在目標行銷的過程中下一個階段包括兩個步驟：

1. 決定要進入多少區隔。

2. 決定哪一個區隔提供最多發展潛力：公司必須分析該區隔的銷售潛力、成長機會、競爭力等。然後再決定是否能在該市

場行銷。

四、市場區隔與目標行銷

　　市場區隔與目標行銷的關係圖，參考**表2-4**。企業必須經過審慎的評估，決定有無行銷的機會，以及可能遭受到多少競爭者的行銷威脅。把各餐旅的市場區隔出來後，再針對各目標市場展開一系列的行銷活動。第一階段的行銷活動實施的是「大量行銷」，指大量生產單一產品，以打響知名度來吸引消費者。飯店的餐廳初開幕時，可以主打餐廳（例如西式自助餐廳）為促銷品，搭配促銷的活動則行銷的功能更強。第二階段的行銷活動是，產品差異化的行銷，可以同時促銷餐式訴求不同的餐廳，與搭配的一系列活動配合，例如中式高級（fine dining）餐廳、台菜海鮮排檔的家庭式餐廳等。第三階段是目標行銷，在整個市場區分出許多小部分，從中選擇數個區隔市場，並針對其目標的市場進行行銷策略。也就是說，當市場區隔後，應該評估各區隔市場的行銷機會及行銷威脅，再根據機會點及問題點選擇目標市場，展開目標行銷策略。目標行銷的優點有：

　　1.企業可隨時掌握區隔市場動脈，容易瞭解顧客的真正所需，
　　　例如瞭解俱樂部餐廳的顧客在口味上的喜好，再設計出更體

表2-4　**目標行銷的實施步驟**

市場區隔	目標行銷
1.確認市場區隔的基礎	4.選定目標市場
2.剖析各區隔市場	5.目標市場的定位
3.衡量各區隔市場的吸引力	6.針對各目標市場擬訂行銷組合策略

貼心意的尊寵服務。

2.餐廳可以細節調整行銷組合策略,運用最佳的組合方式來滿足不同需求的消費者。

而目標行銷策略分為以下三類:無差異行銷(undifferentiated marketing)、差異化行銷(differentiated marketing)以及集中行銷(concentrated marketing),分述如下:

1.無差異行銷:忽略區隔差異,並只提供一種產品或服務進入市場。在市場區隔之後,企業仍以單一行銷組合策略,來作行銷活動。

2.差異化行銷:產品市場被區隔出後,企業針對選定的區隔市場,分別推出不同的行銷組合策略,以滿足不同目標市場消費者的需求(如圖2-4)。

3.集中行銷:企業集中火力在行銷某一特定的目標市場,試圖在該市場獲得大量市場占有率,待市場穩固後,再繼續進入第二及第三個區隔市場。

圖2-4　差異化行銷組合策略

第五節　市場定位

一、定　位

　　定位（positioning）的定義為「使產品或服務符合廣大市場中一個或更多的區隔，以建立其有意義的競爭情勢的藝術及科學」。其實產品、服務、甚至商店的定位與消費者的認知有非常相關的屬性。相互溝通的發生是透過訊息本身——解釋這些利益——以及用來接觸每一目標群體的媒體策略。

　　如採用目標行銷策略後，行銷人員確定顧客的特殊需求，選擇一個或多個區隔作為目標，並針對個別進行其行銷方案。另外，目標市場的確認可以將消費者根據相同的生活型態、需求及喜好來加以分類，也幫助行銷人員對顧客的特殊需求更加瞭解。如果行銷人員愈能建立此消費者的一般基礎，就愈能有效地在其企劃溝通方案中陳述此需求，並且告知或說服潛在消費者該產品或服務的提供可以迎合其需求，請參考**範例2-3**。

專欄2-1　墾丁福華飯店的市場定位‧‧‧‧‧‧‧‧‧‧‧‧‧‧‧‧‧‧‧‧‧‧‧‧

　　在台灣，無論是城市旅館或休閒飯店，只要屬國際級觀光飯店，房間的定價多在新台幣6,000元以上，即使在淡季或促銷時為提升住房率，價位也在3,500元左右。福華關係企業總裁廖東

漢先生表示，即將開幕的墾丁福華將以3,000元的平均房價為經營目標時，立刻引起墾丁附近飯店業者的緊張，而其他風景區的休閒度假旅館，也擔心墾丁福華開幕後將產生吸盤效應，把顧客全「吸」到了福華。

「這種價位只是反應福華飯店的市場定位！」廖總裁如此表示，福華在決定投資連鎖據點前，總是會先進行市場評估，並在確立市場定位後，才決定投資多少及未來的市場售價，因此相較於其他飯店動輒數十億元的建築裝潢費用，不會刻意走華麗路線的福華飯店，反而在競爭市場中具有更雄厚的抗壓本錢。

當墾丁福華的平均房價訂在3,000元時，投資成本若是福華的三倍者，在理論上必須以三倍的平均房價才能符合投資效益，但是在台灣，消費者會花9,000元至旅館住一個晚上嗎？福華的這種投資角度，即使在經濟不景氣、市場出現不良的削價競爭時，依舊能夠生存。

┌ **範例 2-3　啤酒** ┐

啤酒市場隨著銷售穩定及有效的競爭者，開始考慮消費者的不同口味及形態，並把這些資訊整合起來運用在行銷的策略中，此過程導致許多市場區隔的確立。市場區隔後，企業再確認自己的主打市場，運用適當的行銷組合，然後全力進攻。啤酒的市場區隔越來越多，大致有以下幾種分類：

1. 以價位區分：高價位、中價位、低價位（流行的）。
2. 以來源區分：進口、國產。
3. 以口味區分：淡啤酒、低熱量、生啤酒、黑啤酒。
4. 以容量區分：瓶裝、罐裝、冠軍瓶（例如美樂啤酒）。

二、定位的方法

　　定位的方法是著重在消費者及競爭者兩者身上。此兩種方法包括產品利益及顧客需求的連結。第一種方法是利用產品與消費者產生的需求連結而創造出令人喜歡的品牌。第二種方法則是比較主要的競爭者的產品利益，然後才定位自己的產品。

　　David Aaker和John Myers認為「定位」現在已被用來表示產品或品牌在市場的形象，所以許多廣告人員認為市場定位是建立品牌最好的方法。而學者Jack Trout和Al Ries則建議品牌形象必須與主要競爭者形成對比。

　　關於產品的定位方法有許多種，如下所述將可能是透過：

1. 產品屬性及利益：最普遍的基礎。
2. 價格／品質：通常在市場被定位為高價位的品牌皆認為成本因素是次要的。
3. 使用或應用：將產品或品牌與特殊用途作連結，產品的創意包裝及店面陳設也可以用來傳遞其用途。
4. 產品類別：通常產品的競爭者將來自相同的產品種類。例如飯店住宿的客人，也可能住在賓館、三溫暖中。
5. 產品使用者類別：此方式是以確認並和某種特定顧客團體產生關聯來定位，例如專業雜誌的使用者。
6. 競爭者：產品或品牌的有效定位策略可能著重在特定的競爭者上。

三、定位的策略

　　至於如何發展定位策略，為了替產品及服務創造其定位，行銷人員必須問自己以下六個基本的問題：

1.產品在潛在顧客心目中的定位為何？
2.公司希望達成什麼樣的定位？
3.如果真是如此的定位，則必須有什麼樣的公司來完成？
4.公司是否有充足的資金去擁有及占有此一定位？
5.公司是否可以持續保持此定位策略？
6.公司的創意策略是否合適此定位？

　　在知道了可行的定位策略之後，行銷人員必須決定哪一種策略最適合公司的產品或服務，並開始做定位的規劃。定位策略的發展可分為六個步驟：

1.確定競爭者：行銷人員必須考量到所有可能的競爭者，和消費者的使用情境的效果。尤其是競爭者可能並不是那些與公司有相同競爭產品或品牌的。例如葡萄酒的紅酒與其他許多紅酒在不同定位上的競爭，紅酒的競爭者也可能是白酒、香檳酒、啤酒或非酒精飲料。
2.評估消費者對競爭者的看法：已決定了競爭者，就必須決定消費者對他們的看法。在評估產品或品牌時，對消費者是屬

於哪一種屬性是重要的。消費者被要求參與焦點團體或完成在其購買決策中重要的屬性調查。例如選擇餐廳時的重要屬性可能包括便利性、餐廳的服務、餐飲的安全、美食要求、追求流行等因素。此過程建立決定競爭地位的基礎。

3. 決定競爭者的定位：在確立消費者相關屬性及其對消費者的相對重要性之後，公司必須決定每一個競爭者在每一個屬性的定位（包括公司自己），在此需要消費者研究來幫助分析，而此步驟也可以反應出競爭者彼此之間的定位。

4. 分析消費者的偏好：每一個市場區隔變數皆都有不同的購買動機及不同屬性重要性的評比，決定產品差異的方法可以考慮理想的品牌或產品。確定理想的產品可以幫助公司在不同的區隔確認不同的理想，或用相似的理想來確定每一個區隔。

5. 制定自己的定位策略：上述的四項步驟已有初步的定位產生，但產生的決策並不一定是明確的。所以行銷人員必須制定一些客觀判斷，這些判斷將產生以下的問題：

(1) 決定的區隔策略是否合適？定位通常會制定決策來區隔市場。

(2) 是否有足夠的可得資源以有效溝通此一定位？建立一個定位必須要投入龐大的金錢及時間，光靠一個電視廣告或促銷活動是不夠的。

(3) 競爭對手有多強？行銷人員必須注意現在的定位在競爭的狀態下是否可以保持。競爭對手也會推出新的產品來競爭。

6. 監測已決定的定位：定位決定且進行後，行銷人員就應該在

市場上監測其維持的效果。追蹤研究產品及公司的形象、消費者的影響、競爭者的影響等。

專欄2-2　定位的五D••

實際進行定位的要件有：(1)創造意向；(2)傳播顧客利益；(3)區別自身與競爭者的服務品牌。另一個說法是：必須選擇組織能力所及的服務進行定位。舉例來說，如果一家公司提供的是品質拙劣的產品或服務，那勢必無法取得高品質的意向。學者們對定位另一個重要的看法是：你必須決定希望凸顯與競爭對手之間的哪一些差異？試想漢堡王、麥當勞與肯德基的定位，他們如何凸顯自己品質產品的特色。

一種簡易方法可以牢記有效定位的各項步驟：

1. 考證（documenting）：確認有哪些利益對購買你所提供之服務的顧客們而言是最重要的。

2. 決定（deciding）：決定你想要在目標市場的顧客心目中創造的意向。

3. 區別（differentiating）：鎖定你的競爭對手，並強調不同之處。

4. 設計（designing）：提出產品或產品或服務的差異，並在定位聲明與行銷組合中傳播這些不同處。

5. 實現（delivering）：讓你所做的承諾能夠實踐。

1.成功企業的理想：
- 餐廳必須堅持並實踐理想
- 餐廳需努力建立品牌
- 用心追求顧客的全面滿意

2.顧客是餐廳的成員之一，而非局外人。

餐廳的成員有：

- 顧客
- 第一線服務員工
- 管理者
- 經營者

3.餐廳的顧客滿意哲學：
- 服務的品質要能夠創造、結合顧客
- 每日創造顧客愉悅的用餐經驗
- 真誠地聆聽顧客的聲音及需求

4.有滿意的員工，才有滿意的顧客。
- 照顧員工且培育員工
- 員工是顧客之一
- 快樂的工作環境產生快樂的員工
- 員工第一，顧客第一

—第三章—

服 務 行 銷

第一節　服務的本質

一、服務業的範圍

　　服務業的涵蓋範圍相當廣泛，只要是不屬於農業、礦業、製造業，均可納入為服務業。一般學者對服務（service）的定義看法各不相同，但服務的定義不外包括下列幾項元素：(1)服務是一種活動；(2)提供消費者滿足或利益；(3)有兩群經濟單位（服務業與顧客）；(4)無任何實體所有權的移轉。所以綜合以上所述，服務可定義為「服務是一項或一聯串的活動，基本上是無形的，是透過人員所完成的，在服務完成後並不會產生任何實體所有權的移轉」。

　　現代行銷管理學者對服務業有較「綜括性定義」，即服務業乃是從事服務的生產、行銷、經營或分配之營利或非營利個人或組織之綜稱。服務業商品種類繁多，各服務類別不僅在本身產業特性上有所不同，在與顧客接觸的程度及性質也有些差距。學者Lovelock（1980）針對各學者對服務的分類作一比較如**表3-1**。

　　服務業大約可簡略區分為以下四個種類：

1. 消費性服務：服務「最終消費者」，包括旅館、餐廳、遊樂場、電影院、銀行與保險公司。
2. 生產性服務：服務「生產者」（廠商）。例如銀行、廣告與保險公司。

表3-1　服務的分類

學者	分類方式	評論
Hill（1977）	1.服務作業是對人或對物 2.服務的效用持續時間是長久的或短暫的 3.服務是針對個人或團體 4.服務是影響人的心靈或身體	強調服務利益的本質以及服務傳遞或消費環境的不同
Chase（1978）	在服務的提供過程中，服務人員與顧客的接觸程度 1.高接觸度服務業 2.低接觸度服務業	承認在高接觸度的服務中，品質的差異性難以控制，因為顧客本身會影響服務的時機與服務的特徵，由於顧客在服務過程中的高度參與
Lovelock（1980）	1.按服務的內容與利益分 　(1)包含有形產品的程度 　(2)包含人員服務的程度 2.按服務遞送過程分類 　(1)由一個地點或多個地點提供服務 　(2)先到先服務或利用預約系統 3.按基本的需求特性分類 　(1)服務的對象是人或財產 　(2)供需不平衡的程度	綜合以往的分類，加入新的分類，並針對服務之分類提出行銷建議，是分類中最具有策略意義的

3.分配性服務：為促進生產者與消費者達成買賣交易，介於買方與賣方之間而產生的服務。如運輸、倉儲、零售、批發、物流等，此行業現今在國內市場正蓬勃發展。

4.非營利與政府服務：如教育單位、國防、治安、健保單位。

二、服務業的特性

　　服務業有異於產品製造業的四大特性——不可分割性（inseparability）、異質性（variability）、易逝性（perishability）及無形性（intangibility）（如表3-2），使得該服務業在消費者心目中不易有一個清楚、鮮明的輪廓。此四個特性是一種相對的概念，而不是一種絕對的情況。

(一)不可分割性

　　服務的不可分割性意謂服務的生產與消費是同時發生的。製造業通常是先生產後消費，而服務卻是生產與消費必須同時進行。此一特性讓大多數的情況下，顧客必須介入服務的生產過程，同時使顧客與服務提供者之互動更為頻繁。

(二)異質性

　　服務的異質性意謂著服務的提供可能因服務人員、時間、地點、顧客的不同而有不同的服務績效。對大多數屬勞力密集的服務業而言，服務的異質性使服務的品質控制成為重要課題。

(三)易逝性

　　服務是無法儲存的，此一特性使得服務對需求的波動較為敏感，容易產生服務供需不一致的現象。一般實體產品可以事先生產並加以儲存以因應尖峰時段的需求，服務則不然。當服務需求成穩定狀態時，業者可預先安排服務人員，因此服務的易逝性並不是很

表3-2 服務業的四大特性

	解釋	舉例	行銷問題	行銷策略
不可分割	服務的生產與消費是同時進行的	統一超商以自營或加盟成立全省一千多家分店	1.在服務過程中,消費者必須參與 2.在服務過程中,其他顧客之參與 3.服務難以大量生產	1.強調第一線人員的挑選與訓練 2.使用多重的服務地點 3.顧客行為的管理
異質性	服務具有高度異質性,由於服務提供者與服務時間、地點不同而使績效不同		1.企業必須在產品規劃上投入心力,例如設立標準作業流程。餐廳外場的服務技術或內場的烹調作業皆可 2.服務難以標準化及品質難以控制	1.服務作業的規劃 2.依顧客的需求提供服務 3.將服務工業化 4.將服務顧客化
易逝性	服務無法儲藏		1.隨淡旺季適時調整價格 2.服務不能儲存	1.用不同的策略因應顧客需求的波動 2.調整服務的需求面及供給面,使達成均衡
無形性	服務基本上是無形的,消費者在購買此服務前,不易評估此服務之內容與價值		1.服務無法儲存 2.服務不能以專利權加以保護 3.服務不能預先展示 4.服務價格難以訂定	1.多用人員,少用非人員的資訊來源 2.用成本會計來幫助定價 3.創造強烈組織形象 4.從事售後溝通

大的問題，但當需求變動很大時，服務的業者必須從服務的供給與需求面著手，找出使供需一致的情形，如僱用臨時員工（part time worker），如餐廳均在用餐顛峰期僱用計時的臨時工。

(四)無形性

在一般商品的消費中，消費者可以看到產品本身，如樣式、顏色、規格等明顯的產品屬性，而服務則不然，因為服務基本上是無形的，他們並不像實體產品一樣，在購買之前服務是無法看到、品嘗、感覺、聽到或聞到的。服務的無形性有兩層意義：(1)知覺的無形性，消費者觸摸感受不到的服務；(2)心智的無形性，消費者想像不到的服務。為降低服務無形性所帶來之消費不確定性，購買者通常會要求服務品質的保證或具體事實，因此服務提供者的任務乃在管理這些具體事實，使無形事物有形化。

再由表3-2所列出的行銷策略，可得到下列數點建議：

1. 為降低服務的不可分割性，行銷策略可著重在人員的管理，包括顧客與服務人員，並強調服務地點的設立以方便顧客。
2. 為降低服務的異質性，服務品質的管理是非常重要的。因此服行銷策略可強調在服務管理的政策及服務規範的確立，以達到顧客期盼的合理品質。策略包括服務標準作業流程的製訂，及為顧客「量身訂做」依不同需求提供差異化的服務。
3. 為降低服務的易逝性，服務因無法儲存，經常產生供需不平衡的現象，企業可同時從需求管理及供給管理兩方面來探討。在需求管理上，可採取不同時刻定價方法以降低尖峰需求。例如在火車站人潮密集的福華雲采餐廳（四十五樓），

因用餐時段常一位難求，故將晚餐時刻分區，對一般用餐時間前一小時去的客人用餐便宜100元，但只有一個半小時的用餐時間，結果是兩個區分時段皆客滿，等於強制翻了一次檯，造成幾乎雙倍的營業額。另外在供給管理面上，餐廳可採取在需求尖峰時段擴充其產能，例如加聘兼職人員。

第二節　市場導向的服務行銷

　　服務企業在進行對外行銷之前，應先作好對內的行銷。也就是說應先將公司的產品（無形的服務）先行銷給公司內部的員工，將員工視為一個內部市場來經營。如果員工可以接受公司所開發出的服務產品，員工才可能提供高品質的服務給真正的客人。如此，公司對外行銷所造成的品質承諾，與員工的服務品質配合，造成消費者的滿意。圖3-1為以市場為導向的服務行銷架構圖。

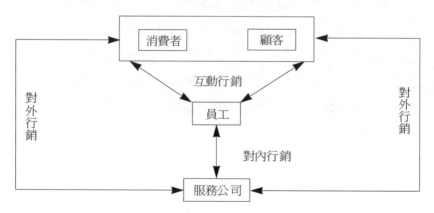

圖3-1　以市場為導向的服務行銷架構圖

資料來源：洪順慶，民國88年

一、對內行銷

　　對內行銷（internal marketing）是指服務公司激勵對內員工，使產生以客為尊及服務的意願與組織。對內行銷除了從行銷的觀點來看待員工外，還包含了兩種管理程序：態度管理與溝通管理（Gronroos, 1990）。

　　態度管理即為培養員工的服務意識，塑造正確的服務態度。其次，員工必須要有相關的專業知識，無論是對公司的服務產品或是消費者，如果有任何業務上的問題，均有對公司及對消費者的溝通能力。因此對內行銷的主要目的為確保員工有專業的服務態度及吸引並保留住優秀的員工。另外對內行銷相當重要的部門為人事單位，包括為員工規劃生涯、訓練員工、養成團隊的精神、適當地授權、績效與獎懲。成功的對內行銷可能比對外行銷還要困難，因為服務業對內行銷的對象有許多個群體，以一個飯店的組織為例，形成一個服務鏈（如圖3-2）。飯店高階管理人員需規劃及建立公司的對內行銷策略，由中層主管傳達與訓練來構成綿密的服務網。餐飲部與客房部為兩個主要的生產部門（front office），第一線的服務消費者。其他的業務、行銷、財務、採購、工程、人訓部皆為支援部門（back office），服務消費者也服務第一線的服務員。

(一)建立內部共識

　　許多餐飲企業在對外部顧客推出新的外部行銷活動之前，常常會犯下一個看似不怎麼嚴重但實則可能影響重大的錯誤——常常在未對內部顧客（即員工）進行足夠的內部行銷活動，讓相關人員都

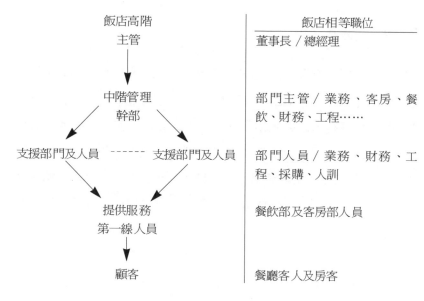

飯店高階 主管	飯店相等職位
	董事長／總經理
中階管理 幹部	部門主管／業務、客房、餐 飲、財務、工程……
支援部門及人員 ------ 支援部門及人員	部門人員／業務、財務、工 程、採購、人訓
提供服務 第一線人員	餐飲部及客房部人員
顧客	餐廳客人及房客

圖3-2　飯店服務業的服務鏈

知道、瞭解以及支持這樣的外部行銷運作之前，就貿然對外部顧客展開行銷攻勢。結果當顧客前來洽詢有關新行銷活動的相關細節時，大多數員工卻是一問三不知，或是各說各話、版本不一，因而造成了顧客相當大的不便與困擾，連帶也使整個行銷攻勢的威力受到負面的影響。

　　因此，餐飲企業在推出新的行銷活動之前，一定要切記，除了外部顧客是外部行銷的當然目標市場之外，內部顧客也是外部行銷活動不容忽視的行銷對象。因為如果沒有後者的持續支持與配合，則再怎麼威力強大的外部行銷攻勢，再怎麼令顧客為之心動的行銷活動，恐怕也會有施展不開的疑慮。以餐飲企業最常使用的促銷活動為例，需先向員工促銷，並進行促銷內容的推廣與訓練，再對外部顧客推廣促銷活動。

(二)餐飲新產品

在正式推出新的產品之前，餐飲企業一定要對相關人員進行內部行銷，使他們能夠瞭解、接受、喜歡，進而對產品產生認同感，而顧客有相關問題需要詢問時，服務員工能夠信心十足地侃侃而談，並樂於熱心推薦，使顧客對新產品產生良好的印象，且增加點購及購買的機會。所以餐廳常常在推出新菜單時，由師傅先做出請外場的服務員品嘗，並教授配菜及選酒的建議搭配，期望服務員在新產品餐飲知識上的專業，可以作推薦銷售（upselling）。

二、對外行銷

對外行銷（external markeitng）就是一般所謂的企業行銷行為，通常是透過行銷研究及市場區隔、發掘目標客層的需求、確立市場目標、決定各項決策（產品、通路），並以合適的行銷組織來執行既定的行銷策略。

三、互動行銷

企業的服務人員與顧客有良好且長久的互動關係，是企業期望的優質服務。互動行銷（interactive marketing）是指服務人員以顧客的需求為出發點，將服務提供給顧客的互動行為。其實消費者對服務品質的預期要求來自於親友的口碑、消費者自己過去的經驗及個人的需求水準。由此看來，服務的品質最重要的關鍵就在於服務企業與消費者之間的直接互動，因為在接受服務之前只是預期，但

表3-3　餐飲服務行銷系統的要素

服務人員	1.餐飲業務 2.餐飲服務員 3.餐廳出納 4.餐廳辦公室辦事員	・顧客的服務前細節聯絡及服務後滿意度調查 ・服務中與顧客接觸最多的第一線人員 ・餐飲結帳服務 ・接電話、傳真、聯絡服務事宜
服務設施與設備	1.餐廳的外觀與設計 2.餐廳內部的裝潢與設計 3.停車場	・為使服務有形化以利行銷
非人員溝通	1.餐廳簡介、目錄、制服 2.餐廳的表格、文具用品 3.餐廳在各種媒體的曝光率	・代表餐廳企業的形象 ・可表達餐廳的服務水準
其他人員	其他在餐廳用餐的客人	・會影響顧客用餐的服務品質

接受服務的互動關係可以影響消費者的切身感受。

四、服務行銷系統

　　因為服務行銷包括了對外行銷、對內行銷及互動行銷，服務企業的行銷系統比製造業的系統要複雜，通常包含四個要素，茲以餐飲服務系統為例說明之，請參考**表3-3**。

第三節　服務品質

　　服務品質（service quality）的定義為：顧客們對於提供某項服務的特定公司之績效與同行業中提供該項服務的所有公司之普遍期

望相比較後，所獲得的一種認知。

　　第一線的服務人員（飯店業務人員、餐廳服務員等）在餐旅行業扮演非常重要的角色，他們的工作表現，可能建立或破壞一個客人完美的消費經驗。顧客可能在裝潢不佳、管理制度欠缺的餐廳，因為餐廳服務員的殷勤對待，而擁有一次難忘的用餐回憶。服務品質對於「人」的層面，及人力資源管理有非常密切的相關性。學者Berry與Parasuraman認為服務行銷的精髓在於服務品質，服務品質可以說是服務行銷的基礎。

一、全面品質管理（TQM）

　　全面品質管理（total quality management, TQM）於1980年獲得廣泛認同的品質管理概念。而全面品質管理的五項主要原則為：

1. 對產品有承諾：表現的品質即代表公司的產品。注重全面品質管理的公司必須要對品質作出最高的承諾，來告知顧客。
2. 顧客的滿意度是主要焦點：既然品質為最重要的因素，而顧客的反應及滿意度會是企業最在意的地方。
3. 公司組織文化的評定：企業對全面品質管理原則與組織的文化必須要求一致性。
4. 團隊與員工的被授權：「授權員工」代表權力不再只集中於少數人的身上，並且讓第一線的餐旅服務員擁有適當的權限，可以立即處理部分客人的要求或抱怨。另外，授權員工可以讓餐廳組織扁平化，在經濟不景氣時，可以讓人力發揮更大的效用。

5.測量各項品質努力的結果：需要測量顧客的滿意度、員工的
績效、組織供應者的反應、其他各項與服務品質有關的指
標。

在業務行銷層面的TQM，應包含下列幾項觀念：

1.資料收集（information）：對企業產品、競爭者產品、顧客
資料進行收集及分類管理。
2.減少銷售過程 （sale cycle time reduction）：要立即把握銷售
的時間及機會，使銷售的過程減少，可以創造更多的業績。
3.銷售工作細節及標準作業（task and process）：銷售的工作
細節及每項工作必須標準化，可以使工作交接及顧客服務做
得更好。

二、服務品質的測定

服務品質模式（servqual）於1980年由三位行銷學者共同提出
並受到重視，而且發展出更多專為改善服務品質的方法。服務品質
模式可以用下列五個層面來對顧客的期望與認知進行測定，也是服
務品質的決定因素：

1.可靠性（reliability）：指餐旅企業在此行業的信用度及完成
服務的執行能力，占服務品質的重要性約32％。
2.反應性（responsiveness）：員工在處理顧客業務及是否提供
迅速確實的餐旅服務，占服務品質的重要性約22％。

3.確定性（assurance）：泛指員工的相關專業知識及能力，是否傳遞產品及服務的信任，占服務品質的重要性約19％。

4.同理心（empathy）：同理心是一種感同身受的情懷；指對顧客的特殊關心，即我們所謂的「量身訂做」的服務，占服務品質的重要性約16％。

5.有形化（tangibles）：指餐旅企業的各種實質設施及設備、員工的外觀、餐廳的裝潢等，占服務品質的重要性約11％。

以服務品質模式來測量服務品質，是藉由設計好的問卷調查表來進行，該問卷通常包括二十二項陳述，反應出服務的五個層面。顧客使用是否滿意的七個程度，分別就其期望與認知，對此二十二項陳述進行評等。另一種用來調查服務品質的方法，是確認顧客與服務提供者之間，以及服務的遭遇中所出現的各種有利與不利的偶發事件，而「服務的遭遇」是指顧客直接與某項服務產生互動的那段時間。

第三篇

產品與價格策略

─第四章─
銷售產品策略

第一節　產品與產品管理

產品（product）定義為可供交易或使用的一群屬性，包括特色、功能、利益及用途，常兼具有形及無形的層面，可以是一個實物、一種服務、一個構思或前三者的組合，其存在的目的是藉由交易來滿足個人或組織的目標。

一、產品分類

依消費者的購買習慣，「產品」可以略分為消費性產品（consumer products）及工業性產品（industrial products）兩種類來討論。消費性產品之特性和行銷重點如**表4-1**所示。

(一)消費性產品

提供家庭或消費者個人的產品皆屬於消費性產品。而行銷學者根據消費購買決策的特徵，將其分為以下三個類別：

1. 便利品（convenience products）：消費者在購買時通常很迅速，花費在「比較」的精力較少，但購買的頻率高。在餐飲市場中，便利商店所販賣的「餐飲吧」，強調拿了就走可歸屬於此類。

2. 選購品（shopping products）：消費者於選購時，會花時間心力依產品的舒適度、功能、品質、價格及款式來加以比較。

表 4-1　產品特性和行銷涵義

產品分類 / 行銷涵義	消費性產品			工業性產品	
	便利品	選購品	特殊品	原料	機器設備
範例	7-11	宴客桌菜	巨蛋麵包	棉花	
品牌／偏好	注重品牌	注重零售店	兩者皆重要	沒有偏好	偏好高
品牌忠誠度	很低	高	很高	低	高
陳列產品數目	可能多	少	很少(只有一個)		
廣告影響力	一般	重視	重視	不重要	重要
包裝	很重要	不重要	不重要	不重要	重要
產品銷售毛利	低	高	很高	低	中
促銷活動重要性	很重要	一般	不重要	不重要	重要
通路長短	長	短	很短	直接銷售	直接銷售或專賣店
存貨周轉率	很快	慢	很慢		
人員推銷	不重要	一般	不重要	不重要	很重要
購買數量	大	小	小	大	小
購買次數	多	少	少	多	少
售前售後服務	不重要	重要	不重要	不重要	重要
對價格的敏感度	高	高	不高	高	不高
購買方式	直接銷售	議價	直接銷售	契約	議價或招標

　　餐飲的選購品，例如消費者需宴客時，會比較餐廳的菜色、服務、價位、配合度及其他附屬的服務。

　3.特殊品（specialty products）：通常有明顯的品質形象，使消費者有明顯偏好，而不辭辛苦來尋找並購買該產品。例如由台北國賓飯店打響外賣生意，且流行一陣子的「巨蛋牛奶麵包」，強調由日本北海道引進的手工特殊發酵法，麵包有濃濃的牛乳酪內餡及有嚼勁的外層，在「特殊品質」強調「限量供應」下，造成每天數百人爭購每人一個麵包的狀況。接著希爾頓飯店再推出「巨無霸枕頭麵包」，希望造成另一個

搶購熱潮。

(二)工業性產品

在市場組織中買賣的產品皆屬於工業性產品，其用途可用於生產、轉售或維持組織的運作。工業性產品的分類有多種說法，但都包括原料（materials），產銷過程的機器設備（machines & equipment），以及維持營運的物料和服務。

1. 原料： 即製成成品所要的原料，大部分是天然及未經處理的可用資源，如棉花或木材。
2. 機器設備：指工業上製造產品所需使用的機器與設備。

二、產品的重要性

產品是行銷中不可缺少的一個P，因為產品滿足顧客的需要，因產品而產生交易，沒有了產品其他三個P將失去其意義。以餐飲業來說，或許會不討論通路，但是「產品」卻是其基本且最重要的。市場競爭優勢的四大來源有品質、創新、效率與顧客回應，除了效率與產品較無關聯外，其他皆來自產品的各個層面，因此產品可作為企業最重要的競爭利器。再說，促銷的方法、價格、通路的模仿容易，不似產品，在製作、創新上有困難度，甚至可以申請專利，不易被同業模仿。例如餐廳的師傅手藝各異，一個可以獨當一面的師傅需多年的學習與訓練，雖然有可能製作標準作業流程來輔助，但仍有需不斷練習操作與老師傅「留一手」的困難性存在。

雖然產品的重要性大於其他三個P，但是在行銷學中少有學者

或課程重視其價值。對餐飲業來說，小本餐廳中產品（例如菜色、人員服務）的好壞，幾乎可斷定其是否生存或賺錢與否。

三、產品管理

產品可以用「管理」的層面，來探討企業可以採用的各種產品管理方法與其策略。其他行業常用產品經理（product manager）或品牌經理（brand manager）來作產品的規劃、執行與管理。餐飲企業則是以餐廳內外場主管配合其行銷部門經理（marketing manager）來作產品及新產品的規劃與管理。

(一)基本產品策略

1.主動策略（proactive strategy）：經由企業研究發展，及進行行銷研究，在競爭者有所行動前推出新產品。
2.被動策略（reactive strategy）：企業推出與競爭者相同、類似或相似但較佳的產品，也就是俗語的「老二哲學」。

(二)產品差異化策略

企業可以配合競爭優勢來源及產品的三個層次，來進行可能的產品差異化的方法。表4-2即為部分可能的產品差異化策略及其餐飲實例。

有關量身訂做（custom tailored）策略，服務業與製造業不同，較注重顧客回應，故近來有餐飲旅館喊出「量身訂做」的口號，使顧客感覺自己的差異性被突顯出來，每位客人皆被視為VIP（very important passerger）來特別對待，增加顧客受尊重的感覺。

表4-2　產品差異化策略及其餐飲實例

產品差異化來源與層次		差異化方法	餐飲實例（練習）
品質	核心產品	強化核心利益	
	有形產品	強化品牌地位及形象	五星級飯店連鎖品牌
		改善產品的設計	中秋月餅禮盒設計
	附增產品	強化售後服務	俱樂部會員制度
創新	核心產品	增加產品功能	
	有形產品	改善原有設計缺失	
	附增產品	增加服務範圍	
顧客回應		量身訂做	

第二節　品牌與包裝

一、品　牌

　　產品是否要有品牌，是品牌策略的第一步工作。所謂的「品牌」（brand）是用以與競爭者產品有所區別的名稱、符號、設計或是合併使用等事項，通常包括以文字或數字表示也可用口語表達的品牌名稱，以及偏向於視覺特性的品牌標誌。以麥當勞速食店為例，McDonald's 是用口語表達的品牌名稱，但是兒童喜愛黃色的「M」圖案標誌，是屬於視覺特性的品牌標誌。

　　由於顧客是以品牌來區別各企業或各餐廳的產品，因此品牌是產品差異化的來源之一。餐廳可用各種促銷的方式，使產品在顧客的心目中產生知覺，即為「品牌形象」。但是並不是每一項產品都

需要品牌，但是餐飲產品是否有品牌卻對消費者很重要。擁有品牌的好處有辨識方便、與其他餐廳或飯店有所區分、方便定價、推廣促銷簡單。

至於品牌的種類，可用品牌的來源來區分，如果是業者（餐廳）自行創造並推廣，則稱為「自有品牌」（self-owned brand），例如坊間一般小型的獨立餐廳常自創餐廳名。如果是經由其他業界授權而使用者，稱為「授權品牌」（licensing brand），目前有許多餐飲連鎖店，例如鬍鬚張、速立杯泡沫紅茶、美而美早餐店皆由企劃總部授權且指導分店成立。

(一)品牌決策

從品牌決策（brand strategy）的立場來看，也就是對於不同的產品項目決定品牌的使用方式。如果每一種產品分別使用一種品牌，則稱為「個別品牌」（individual brand）策略。如果將單一品牌用於多種產品，則稱為「家族品牌」（family brand）策略，例如統一企業在許多便利商店、泡麵、飲料、甚至休閒健康世界都直接用「統一」來搭配產品的名稱。一般來說，餐廳企業的目標市場相同，皆為飲食消費大眾，故用家族品牌策略較適合。

品牌決策的步驟為以下所述：

1.有無品牌決策：是否為產品加上品牌名。
2.品牌品質決策：先決定品牌的品質水準及特殊點，用來支持品牌的預期市場。
3.家族品牌決策：是否用個別品牌?或家族品牌？
4.品牌延伸決策：是否利用已有的成功品牌來推廣新的產品。

5.多品牌決策：一個公司可擁有多個品牌。

6.品牌定位：品牌在市場的定位需隨市場的變動來修正。

　　以服務業行銷方面著名的國外學者百利（Leonard L. Berry），服務業可用三種方式來塑造其品牌形象：(1)使用獨特的色調，例如7-ELEVEN的紅、白、綠三色橫紋；(2)使用固定的標語來連接其品牌，例如媚登峰的「Trust me, you can make it.」；(3)以有形的物體來連接其品牌，例如高雄霖園飯店與綠色的大樹。

(二)品牌命名

　　如果從促銷的觀點來說，為產品選擇品牌名稱是非常重要的，因為品牌名稱可以溝通屬性及意義。行銷人員尋找可以溝通的產品概念並幫助在消費者心中的產品定位的品牌名稱。

　　為創造及維持「品牌權益」（brand equity）是廣告在品牌命名策略中的一個重要角色。它可以視為經由受喜愛的形象及差異化的印象，以及消費者對公司名稱、品牌名稱或商標的依附強度所導致的附加價值，或商譽的無形資產。品牌權益可以使一個品牌比無品牌名時獲得更大的銷售量，或更高的利潤，也能帶給公司競爭的優勢。而要如何來增加公司品牌的強烈權益的定位，則是靠廣告。

二、產品包裝

(一)包　裝

　　包裝是產品策略中越來越重要的一個部分。包裝提供了功能屬

　　宏碁電腦董事長施振榮先生曾表示：自創品牌是一條「不歸路」！財團法人連德工商發展基金會行銷專家黃晏雄表示，企業在進行有效的品牌管理規劃之前，首先必須擬訂明確的品質策略，將目標市場與品牌分為新開發與原有的，如此即可構成四個品牌發展的基本策略，以下為這些策略的重要性：

1. 品牌強化策略：維持原有市場與品牌，強化原有策略與深根延伸，是風險性最低的策略；企業在市場尚未被完全開發與競爭白熱化之前，可採用此策略。

2. 品牌重新定位策略：用原有的品牌開發新市場；為增加年度營業額，將目標對象轉移到新的區隔市場，例如傳統糕餅店利用大眾行銷手法推廣到一般通路。

3. 品牌變更策略：放棄市場價格崩盤的品牌，以全新品牌識別為訴求，採取此策略的風險不低，因為必須放棄過去辛苦經營與眾多的忠實顧客，重新面對變數大且深不可測的市場環境，例如銀行的合併及改名。

4. 品牌開發策略：以全新的品牌開發至未曾經驗過的消費市場，是屬於高風險、高利潤的策略。如果是市場的先峰，可將其品牌識別與該產品範圍相結合，但如果是後發品牌，則須採用前者明顯差異化的策略。

　　再透過對顧客、競爭品牌及自我的分析，企業可成功創造品牌的上市商機。

性，包括經濟、保護、美觀及儲存。包裝的角色及功能因為許多商店的自助設計及越來越多的購買決策是在店頭決定而有所改變。根據一項研究認為，在超級市場中有2/3的商品購買是非計畫性的。包裝通常是消費者對產品的第一次暴露，因為它必須給予顧客美好的第一印象。

有的公司把包裝視為與消費者溝通的重要途徑。也有產品利用包裝來創造一種獨特的品牌形象及意識。另外，包裝也可能使產品方便於使用。

(二)包裝與規劃

包裝與規劃是兩種相關的概念，許多包裝的套裝產品都涵蓋某些規劃。舉餐旅的實例說明，包裝可能結合餐飲與客房的產品，成為「雙人逍遙遊」——含兩人住宿一晚及兩客自助早餐。規劃則是包裝的強力戰友，尤其在光靠低價位仍不足以讓顧客產生足夠興趣時。以規劃為基礎的假期，證實規劃可以成為旅遊需求的製造者（參考表4-3）。

表4-3 包裝與規劃的關係

包裝	包裝＋規劃	規劃
1.無規劃的包裝 　例：只提供住房 　　　與餐飲的套 　　　裝產品	2.包裝與規劃的結合 　例：美侖飯店的多款專案 　　·悠閒假期——雙人成行 　　·蜜月假期——雙人成行 　　·公務人員超值遊 　　·闔歡假期——兩大一小 　　·美侖度假禮券	3.不整合包裝的規劃 　例：吧檯的Happy Hour

第三節　服務業產品

　　服務通常是無形的,但和有形的產品一樣,服務也可用「全產品觀念」來分析,以餐飲服務的餐廳為例,**圖**4-1說明其全產品觀念的核心利益、有形部分及附增的部分。**表**4-4列出核心利益、有形部分及附增部分餐飲的範例。其中產品核心部分,包含了餐飲軟硬體的選擇、安全性及便利性。

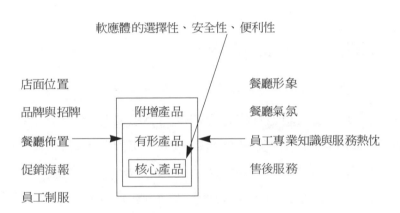

圖4-1　**餐飲服務的全產品觀念**

表4-4　產品核心部分、有形部分及附增部分關於餐飲之範例

核心部分	有形部分	附增部分
包含餐廳軟體及硬體的選擇性、安全性及便利性。例如菜色、飲料種類的選擇、促銷活動的選擇、停車場及洗手間的安全性與便利性	品牌	餐廳氣氛
	招牌	餐廳形象
	餐廳佈置	員工專業知識
	促銷海報	員工服務熱忱
	員工制服	售後服務
	菜單	
	飲料單	
	葡萄酒單	
	促銷活動的贈品	

第四節　產品組合

　　企業要成功地推出各種產品，必須要考慮整個「產品線」（product line），不能只考慮其某一個單一產品。不同的「產品項目」（product item）組合成為「產品線」，而多個「產品線」構成企業的「產品線組合」（product mix）。企業的產品線組合可以建立在某一廣度（width）、深度（depth）和一致性（consistency）上。產品線組合的廣度是指企業提供多少不同的產品線。至於產品線組合的深度是指企業對每一產品線所提供的平均品目。而所謂的一致性是指企業的各產品線在顧客群、用途、通路及價格等事項上的差異程度。以台灣飲料廠商久津實業為例，產品組合有波蜜果菜汁、康橋咖啡等產品線組成，每個產品線中有容量、包裝等各不相同的產品項目。再以西式餐廳的食物產品單點菜單（a la carte menu）為

例，產品組合有前菜、湯、沙拉、主菜、甜點、咖啡或茶。每個產品線中有分量、盤飾、配菜等各不相同的產品項目。

1. 產品項目：有特定型號與規格的產品。
2. 產品線：在使用用途、顧客群等方面具有類似性質的產品所形成的集合體。
3. 產品組合線：企業提供與銷售的全部產品線。

在行銷運作下，企業可運用其生產技術及聲譽，來擴大產品線組合的廣度及深度；再以產品的一致性來增加產品的品質及提升企業的形象。

一、產品線的整體規劃

企業如考慮到長遠的經營，應對產品妥善加以規劃，再因產品推出後會產生其生命週期（product life cycle, PLC）──導入（introduction）或上市、成長（growth）、成熟（maturity）或飽和及衰退（decline）（如圖4-2）。如果企業將所有產品同時上市，而不再推出新產品，則所有的產品將同時成長，也同時將衰退。所以必須將產品分開推出。也就是說企業在產品組合策略中，應該考慮各產品線的生命週期階段，建立「均衡的產品組合」（balance product portfolio），從導入到成熟階段都有適當的產品線，藉以維持企業的成本及其利潤。例如在產品A將要衰退時推出新的產品B，使企業在任何時期產品的總利潤都維持一定的獲利水平。因此一個餐廳要對所販賣的產品作完整的規劃，決定各項產品的特色及

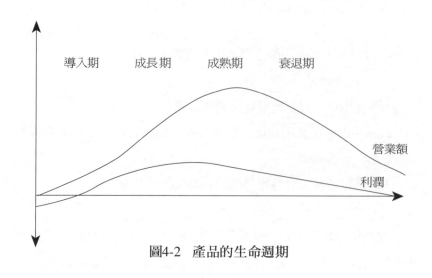

導入期　　成長期　　成熟期　　衰退期

營業額

利潤

圖4-2　產品的生命週期

特殊口味，區分其價格，並且在適當的時間推出當季的時令菜（新
產品）來進行促銷，用整體規劃的角度來安排餐廳未來行銷的策略。

　　另外，產品的生命週期尚有不同的六種型態（如**表4-5**）。舉例
而言，風潮形的產品通常在幾個月內會創造相當大的營業額，卻很
快速的萎縮甚至於消失，如果其他競爭者看到商機良好而一昧地跟
進，可能在產品開發完後，面臨已將沒有市場需求的窘態。例如風
光一陣的澳門葡式蛋塔，後進的投資者面臨是否關門大吉的命運。

　　企業應在上述生命週期的導入期時，注意產品的設計以利顧客
接納，例如一般消費者都喜歡追求新的、流行的產品，常常不會去
注意其價位，反而價格越高越代表其品質，故可利用此一特性來提
高價格，達成快速回收研發成本的目的。此外，如果產品進入衰退
期，可以使用一些作法使其重生，可稱之為「生命延伸策略」（life
extension strategy）。作用包括使顧客增加其需求量、重新設計與包
裝、更改產品產生新的需求、將舊產品的特色轉移到新產品上。

　　各階段的產品生命週期均有其市場的潛能與機會，企業可藉用

表 4-5　比較產品的生命週期六種型態與範例

產品性質	曲線圖形	餐飲範例
1.一般性產品（nomoral）	銷售額　　時間	・一般菜色 ・咖啡
2.經典性產品（classic）	銷售額　　時間	・義大利濃縮咖啡 ・法布奇諾咖啡
3.風潮性產品（fad）	銷售額　　時間	・巨蛋牛奶麵包衍生出巨無霸枕頭麵包 ・葡式蛋塔
4.季節性產品（seasonal）	銷售額　　時間	大陸陽澄湖的大閘蟹
5.重生性產品（revival）	銷售額　　時間	
6.爆發性產品（burst）	銷售額　　時間	葡式蛋塔

良好的行銷管理與市場計畫，在產品的每一個階段把握住銷售的機會。**表4-6**為建議的各階段產品生命週期的行銷策略，**表4-7**為各階段產品生命週期的行銷特徵。

企業針對其產品生命週期改變的因應策略有以下兩類：

1. 被動地因應產品壽命發展的情勢。
2. 採取主動，以積極的方式改變產品的生命週期和延續其時間。企業為了確保銷售的利潤，可以將其產品由「導入期」快速延展到「成長期」，或者是延長產品的成熟階段，使其衰弱速度減緩，甚至可以將產品的生命週期直接跳過進展第二輪的生命週期。

延長產品生命週期的方法如以下幾點：

表4-6　各階段產品生命週期的行銷策略

項目	導入期	成長期	成熟期	衰退期
目標	擴張市場並建立其地位	穩定市場占有率	進入新的市場，進行市場區隔化	準備推出新產品
產品	高品質	產品擴張及差異化	改良產品	創新原產品
通路	建立銷售網	鞏固顧客關係	再次強化鋪貨	對萎縮的通路停止定價
廣告	使顧客瞭解及建立知名度	促使顧問印象加深	告知產品的新特性及其用途	準備推出新產品
促銷	提供資訊	說明購買	爭奪顧客	再次提供資訊
競爭者	無或很少	些許	激烈	降低
利潤	無或負數	漸增	穩定	漸減
價格	成本加成法	追隨定價	特定價格	降價

表 4-7　各階段產品生命週期的行銷特徵

分類		導入期	成長期	成熟期	衰退期
整體行銷	策略	開拓市場	滲透市場	鞏固市場,市場區隔	準備退出開發新產品
	景氣	不會受景氣變動而影響	不會受景氣變動而影響	受景氣變動而影響	受景氣變動而影響
	供需	創造需要	可能供不應求	供給超過需求	供過於求
	同業競爭	微弱	微弱	激烈競爭	持續價格戰
	市場成長率	偏低	很高	偏低或停滯	負成長
	產品	強化品質	擴張品牌	推出新產品或副產品	減少產品的種類
消費者	目標市場	1.高水準及所得的階層 2.約占5%	1.高水準及所得的階層 2.約占10%-20%	1.中所得的階層 2.約占50%	1.低所得的階層 2.約占60%
	顧客議價力	很強	很弱	很強	非常強
	知名度	無或小	漸增	知名度提升幾乎達90%	知名度漸弱
生產	產品種類	少	產品線漸增	多	減少
	成本	高	漸低	無法再降低	生產的成本再回升
	產品改良	不斷進行	作主要改良	如競爭者品質差異少則不明顯	如競爭者品質差異少則不明顯
	產能利用率	偏低	100%	趨於穩定	加速降低
新業者加入		很少	非常多	很少	無
代替品威脅		不重要	不重要	有影響	影響大

1.瞭解生命週期的實際意義及其行銷策略。

2.確定企業本身的產品目前正處於生命週期的哪一個階段。

3.瞭解企業的產品。

4.延長產品的「成熟期」：

(1)擴大已有的市場。

(2)開拓新市場。

(3)創造流行的趨勢。

(4)提高產品附加價值。

(5)鼓勵消費者多嘗試。

二、 如何確定產品的生命週期

　　企業為從事產品的規劃，必須先瞭解產品目前正處於其生命週期的哪一階段，再決定要如何進行行銷、計畫及如何延長產品的壽命。企業可用產品生命週期檢查表（如**表4-8**）來自我分析：

1.利用統計數字：同業互相比較。

2.市場調查：瞭解消費者對品牌的偏好程度、產品的差異及對競爭者的調查。

3.經濟分析。

表4-8　產品生命週期檢查表

項目	今年	去年變動率	年平均變動率
單價			
市場占有率			
投資報酬率			
競爭者			
銷售額			

三、飯店與餐廳的產品組合

觀光飯店結合餐飲與客房兩部分的產品，可能變化出許多不一樣的產品組合，供不同需求的顧客來購買。

(一)飯　店

一般飯店可以提供的產品種類有以下數種，產品的組合會因飯店的種類不同而不一樣，例如休閒飯店會增加休閒遊樂的產品。

1.餐廳。
2.客房。
3.會議。
4.宴會——喜宴。
5.會議／展示會／發表會。
6.淡季組合——分為客房部或餐飲部的淡季。
7.冬季組合——客房促銷加自助早餐。
8.週末組合——全家福住房加「異業聯盟」遊樂券招待。

(二)餐　廳

而餐廳也有其提供的產品種類，產品的組合也會因餐廳販賣的菜式不同而不一樣，例如賣單點的餐廳會有較多的產品種類。

1.美食。
2.葡萄酒／飲料／雪茄。

3.會議。

4.宴會——喜宴。

5.淡季組合。

6.冬季組合。

7.週末組合。

8.Early Bird——提早定位或用餐的客人，享有折扣或招待。

9.Sunday Brunch——週日早午自助餐。

(三)新產品的開發

新產品的開發最常使用的方式有：

1.更新裝備及裝潢。

2.更換菜單，一般餐廳至少每年會更新一次菜單。

3.新奇的菜色：

(1)例如希爾頓的王朝餐廳曾遠從大陸引進「哈爾濱飛龍宴」，飛龍鳥為哈爾濱的珍奇野禽，嗜吃人參果，其肉質細嫩鮮美，為古代皇帝的貢品。而哈爾濱飛龍宴即以人工養殖的飛龍鳥，搭配黑龍江省的各式土特產，製成高級的各式宴席，菜譜包含飛龍報喜、飛龍戲鴛鴦、六山真野味圍碟、三星高照、仙人指路、富貴黃魚、冰糖雪哈膏等十四道佳餚待品嘗。

(2)台中永豐棧麗緻酒店的「養生藥膳蛋糕」。中國人是最善於養生的民族，特別是在寒意襲人的冬季裡，以中藥食材製作的養生佳餚眾多，但少有人能把它運用到以甜味為主的糕點上。負責創意製作的點心主廚表示，蛋糕搭配人

參、川芎、洛神、蓮子、枸杞、黑棗等多種中藥材，益氣補脾、養顏健腸，是一項新鮮創意的結合，在冬日的午後，讓消費者拋棄高脂肪的顧忌，盡情享受健康與美味。

養生蛋糕系列如下：

- 人參蛋糕——補元氣，延年益壽
- 川芎蛋糕——健腸補身
- 當歸枸杞蛋糕——健身，明目
- 甘草蛋糕——健脾，開胃
- 蓮子蛋糕——健胃，益身
- 黑棗蛋糕——強腎補身
- 竹笙木耳凍——養顏，健腸

4.新的宣傳品。

5.新的服務方式。

第五節　如何推銷產品

一、推銷產品

　　銷售產品的方法及內容將在第十章用完整的章節來進行討論，業務人員須對自我的產品有充分的瞭解、研究競爭者產品的優缺點，爭取客戶生意時能夠突顯優點及特殊處，創造出顧客的需求來採購產品，才是良性的銷售方法。

　　另外，我們與其說推銷產品不如說是服務客戶，把東西賣給顧

客及幫助顧客買東西，結果可以是天壤之別！請你好好想一想以下各點，是否你也曾有以下的經驗：

1. 企業只能聽到4%不滿顧客的抱怨，96%的人早已默默離去，結果有91%絕不再光顧。
2. 一項「顧客為何不上門」的調查：原因有3%因為搬家、5%因為和其他同業有交情、9%因為價錢過高、14%因為產品品質不佳、68%因為服務不週（包括企業主、經理、員工）。
3. 一位不滿的顧客平均會把他的不滿告訴八至十人。
4. 如能把顧客的抱怨處理得很好，70%的不滿顧客仍會繼續上門。
5. 吸引一位新顧客所花的時間及金錢，是保有一位老顧客的六倍。

二、商品的附加價值

現代的消費者經常藉由產品與體驗結合的消費方式，來滿足對歸屬感的渴望。不少咖啡品牌所營造出來的附加價值，已經超越了飲料的本質。例如長榮班機與左岸咖啡的結合——「長榮左岸專機」，消費者從辦理登機手續開始，即開始接觸一連串的左岸咖啡館的嶄新體驗，一張充滿復古咖啡館風情的泛黃登機證票夾、空中小姐也換上傳統巴黎咖啡館侍者的裝扮——黑背心和白長圍裙、每位乘客的座椅上都有巴黎賽納河沿岸的咖啡館地圖，另外還有法國的經典佳作影片及音樂，讓乘客尚未抵達巴黎，已體驗一場法國感官之旅。統一乳品預計花費四千萬的廣告行銷費用，預計的業績將成長30%-50%。

專欄4-2　今天的咖啡很法國，明天的旅程很左岸 ·············

　　統一的左岸咖啡在國內掀起一陣充滿藝術與人文氣息的法國熱。

　　由長榮航空與左岸咖啡合作，推出「長榮左岸專機」，每週三飛往巴黎，不僅飛機裝潢成左岸咖啡的圖案，還讓你同時享有特殊登機證票夾與左岸咖啡，並有機會獲得專機機位與法國之旅。

◎查詢網址:http://www.pec.com.tw/coffee

資料來源：該活動刊登在*Here*雜誌上之文案

―第五章―

價 格 策 略

第一節　定價策略

一、定價考量因素

企業在定價時需要考慮的重要因素如下所述：

(一)市場狀況

1.產品的吸引力。
2.市場的特性：商品的購買頻率、消費者的購買習慣、銷售單位、市場的大小。
3.市場需求的彈性：潛在市場的需求量、瞭解價格變動對市場需求的影響程度。

(二)消費者狀況

1.消費者對產品的預期。
2.消費者對價格的敏感度。
3.消費者對產品的認識。

(三)產品的性質

1.產品是否有獨特的特性。
2.市場上已有的產品或新的產品。
3.產品生命週期的長或短。

(四)產品線定價

1.產品定價。

2.通路的分配。

(五)競爭者分析

1.競爭的激烈程度。

2.企業的競爭能力。

3.同質產品競爭或非同質產品。

4.價格競爭或非價格競爭。

(六)政府法令與公共政策

1.勞動基準法。

2.公平交易。

3.消費者保護運動。

4.開放進口或限制進口。

5.輿論。

(七)產品的成本

1.固定成本與變動成本。

2.促銷的成本。

而產品定價的步驟，如圖5-1所示。

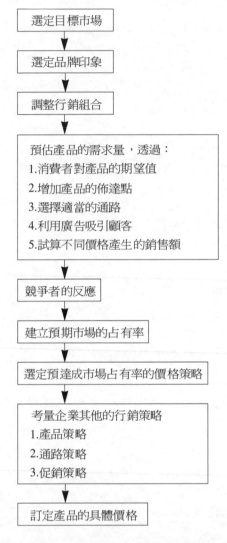

選定目標市場

選定品牌印象

調整行銷組合

預估產品的需求量，透過：
1.消費者對產品的期望值
2.增加產品的佈達點
3.選擇適當的通路
4.利用廣告吸引顧客
5.試算不同價格產生的銷售額

競爭者的反應

建立預期市場的占有率

選定預達成市場占有率的價格策略

考量企業其他的行銷策略
1.產品策略
2.通路策略
3.促銷策略

訂定產品的具體價格

圖5-1　產品定價的步驟

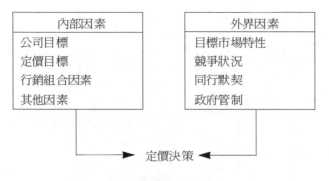

圖5-2　影響價格決策的因素

　　產品的定價為針對市場競爭狀況，訂定符合企業策略、顧客可接受的產品價格，以獲取利潤。市場上由於通貨膨脹的壓力、消費者的保護運動、銷售管道的變化及新產品太泛濫等複雜因素，使定價問題更為複雜。一般而言，成本、需求與競爭三者，對產品定價的影響最大。其他影響價格的因素如**圖5-2**所列。公司內部的定價目標，大多為以下幾種的組合，合理的投資報酬率、最高的銷售利潤、最大的銷售量及增強企業形象。

二、基本定價策略

　　在確定產品的售價前，要先決定其「定價策略」（pricing strategy）。基本的定價策略有以下三個：

1. 滲透策略（penetration pricing）：為了馬上獲得廣大的市場占有率，選擇較低的價格，全力投入開發市場。
2. 榨取（吸脂）策略（skimming）：銷售對象為高消費者，運用較高的價格來提高產品形象及利潤。

表5-1　基本定價策略的適用狀況

定價策略	適用狀況
滲透策略	・產品具備低成本的優勢 ・另有高利潤的產品線 ・規模經濟效應明顯
榨取策略	・產品不具備低成本的優勢 ・企業需求無彈性 ・無剩餘的產能 ・規模經濟效應非常不明顯
中性定價	・產品不具備低成本的優勢 ・市場需求無彈性但企業需求有彈性 ・規模經濟效應不明顯

3.中性（同位）定價（neutral pricing）：同時考慮價格及競爭者。

　　理論上，企業可從顧客需求、成本考量及競爭者等層面，來分析最適的定價策略（如表5-1）。但畢竟價格是行銷組合中最易變的變數，競爭者改變的速度也非常快，惡性降價的競爭下，消費者有可能會占到便宜。

三、價格歧視

　　企業針對該產品不同的客層群訂定不同的價格，使其銷售額及利潤能最大，稱為價格歧視（price discrimination）或稱差別取價。餐廳及旅館實務上，運用價格歧視的作法相當普遍，因為消費大眾的需求價格彈性很大，且此法有助於「教育未來的顧客」。餐廳利

用用餐時間的尖峰與離峰時段，對相同的產品推出不同的餐價。

　　以家庭餐廳為例，如顧客於尖峰時段前去用餐，稱為「早起的鳥」（early bird），可節省約一至兩成的消費金額。如以自助餐廳為例，可把晚餐時段一分為二，於晚間五時至七時用餐，餐價比在晚間七時至九時用餐便宜100元，此作法只適用於交通擁擠及生意好的黃金地段。 在旅館客房方面的例子是，客房業務部將簽約公司（不同客層，以客房的年度生意量來作區別）分為幾個類別，分別給予不同的房價。

第二節　定價的方法

　　在說明了定價的影響因素、策略面考量後，進入比較具體的階段，即定價的方法。依照學理分類，主要的方法有「成本導向定價法」（cost oriented pricing）、「需求導向定價法」（demand oriented pricing）和「競爭導向定價法」（competition oriented pricing）三種。

一、成本導向定價法

　　此法亦稱「成本加成法」，為大部分企業使用的定價方法，以產品的成本為主要考量，通常會用成本加上若干比率的利潤來決定售價。其優點是方法較簡單且消費者可以瞭解及接受，缺點是沒有考慮需求及競爭者的狀況。表5-2列出企業在選用此方法可能的抉擇。

　　成本加利潤（cost plus pricing）的定價在餐飲業使用廣泛，零

表5-2　企業在選用成本導向定價法可能的抉擇

成本導向的定價方法	說　明
成本加利潤的定價	根據單位成本加某一個利潤額
加成定價	成本加某一百分比的利潤的定價
損益平衡的定價	根據損益平衡觀念，找出能達成利潤目標的定價
目標定價	定價決定在於預定的銷售量下達成的特定報酬率

售業普遍使用加碼定價（markup pricing），平均加碼為25%，如果產品為食品，則加碼約在30%以下。目標定價隱含了利潤目標的觀念，其利潤目標來自於投資報酬率（return of investment, ROI），各定價的公式如下：

成本加利率：　價格＝單位成本＋每單位預定的利潤

加碼定價：　　$價格 = \dfrac{單位成本}{（100-加碼的百分比）/100}$

損益平衡：　　$價格 = \dfrac{總變動成本＋固定成本＋目標利潤}{預期銷售數量}$

目標定價：　　$價格 = \dfrac{投資金額 \times 投資報酬率＋預定總成本}{預定銷售數量}$

　　企業的經營成本中如隨銷售數量同比例變動者，稱為總變動成本（total variable cost），如成本與銷售數量無關，不論數字多大都不變動則稱為固定成本（fixed cost）。固定成本加總變動成本稱為總成本（total cost）。再用產品售價乘以銷售的數量即為總收入（total revenue），而總收入減去總成本則為利潤（profit），出現負數表示虧損，盈虧兩平的銷售數則是損益平衡點（breakeven point）。圖5-3為損益分析（breakeven analysis）的基本概念。

二、需求導向定價法

　　需求導向定價法考慮的重點是顧客的需求，首先須考慮顧客對產品價格接受度的上限，然後用不同的方法向下來調整。以飲料產品中的咖啡為例，市面上罐裝咖啡價錢為20元，連鎖咖啡廳一杯要150元，高級飯店咖啡廳一杯要250元。其中咖啡的品質與成本雖有差別，但成本均在售價的20%以內，價格的差距是因消費者的需求及感受不同，使廠商與餐廳使用不同的定價來滿足消費者。

三、競爭導向定價法

　　競爭導向定價法常用於市場競爭激烈，及對產品差異性較不重

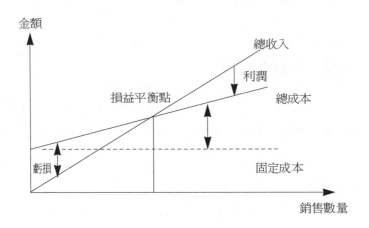

圖5-3　損益分析的基本概念

要的產品上（例如餐飲的自助餐市場）。企業在定價時，主要的考量是競爭者的價格比較，競爭廠商的動向，然後再決定自己產品的售價。此方法用於餐廳時，有以下幾種方式：

1. 領導廠商定價（leader pricing）：比照競爭餐廳中的領導者的定價。
2. 市場行情定價（going-rate pricing）：將價格訂在同業的一般水準左右。
3. 調整性定價（adaptive pricing）：參考領導廠商（餐廳），再作調整。
4. 聲望定價（prestige pricing）：如目標客層在金字塔的頂端，為餐飲的高消費群，可將價格訂在同業的水準以上，以區別市場及彰顯品質。
5. 掠奪性定價（predatory pricing）：用超低的價位來打擊競爭者。短期性的掠奪性定價，一般多用於新開幕的餐廳，可以量取勝來打開市場的知名度。

第三節　價格政策

在定價完成後，產品的售價產生出來的數字，稱為標價（list price），或基本定價（base price）。然而，實際在銷售產品時只是以定價為基準，賣給客人時不一定是用定價成交。標價與實際售價的調整與管理，則屬於價格政策（price policy）的範圍。

一、基本價格政策

基本價格政策可區分為時間及顧客兩個層面來加以討論。時間層面有：

1.習慣定價（customary pricing）：指價格維持一定長的時間內，均無改變。如餐廳的單點菜單，約每年修改一次，故在一年中菜品售價應不改變。
2.變動定價（variable pricing）：指價格隨著成本、需求及競爭等因素的變化而調整。如小吃攤的食物可隨時調整售價。

而顧客層面是：

1.不二價政策（one-price policy）：對所有顧客皆無價格上的差異。大部分的餐廳皆希望可以不二價，或是貼出不二價的牌子告示客人，但餐飲服務業是做人的生意，加上市場競爭激烈，除了高消費的餐廳，否則不二價往往是很難做到的。
2.彈性定價（flexible policy）：針對不同顧客層面，對產品有不同的定價。

二、心理定價

價格政策除了時間與顧客層面之外，在決定產品初步價格之後，還需要考量顧客對標價產生的心理反應，再決定選擇一個適當

的數字為其最後的售價。此定價稱為「心理定價」（psychological pricing）。心理定價可分為以下幾個類別：

1. 聲望定價（prestige pricing）：針對高消費群設計的高級品，提高其標價。不只高消費群，一般的消費者也都有「貴就是好」的先入為主的觀念。
2. 尾數定價（odd pricing）：放棄加減容易的整數，而使用帶尾數的售價。例如放棄300元而用299元。因為299元在消費者的心目中，仍為200多元，而300元被感覺300多元，雖然差異只有1元，但心理感覺差距可能有100元。

三、地理定價

價格政策也需要考量販賣產品時在地理區域方面的差別，關係到運輸費用、消費者地理區的差異、原料的取得是否容易。例如台灣的連鎖餐廳，如營業總部或總店在台北，則中南部的分店將有運輸問題、南北口味差異問題以及南部通常比北部便宜一成的考量。

第四節　價格的管理

一、促銷定價

產品定價之後，仍需保留相當的彈性，以因應各種狀況的需

求。例如「老顧客的照顧」、「知名企業的大量訂單」、「鼓勵經銷商推廣及進貨」、「產品損壞的折舊或補償」。雖然是使用不二價價格政策，仍要保留彈性使產品的銷售量能達最大。

(一)折　扣

企業依交易的方式給予消費者的折扣（discount）。

1. 數量折扣（quantity discount）：鼓勵顧客增加購買產品的數量而給予的優惠。以餐廳來說，多人數的訂餐，可以享有一至兩成的折扣。超市及量販店食品包裝單價價格的差異，即在其數量上。而旅館的客房，更以簽約公司（accounts）採用的年度客房數，來決定其售價或折數。一般消費市場多採用非累積數量折扣，而組織市場則多用累積數量折扣。
   (1) 累積數量折扣：主要的目的是長期推銷。交易累積量越大則折扣就越多，下一季或年度則從零開始從新累計。
   (2) 非累積數量折扣：鼓勵顧客大批購買，以特定期間的單次交易量為準，交易量越大，折扣越多。例如飯店在端午節販賣粽子時，打出「買五送一」、中秋節賣月餅時，推出「買十盒享九折」的優待。
2. 交易折扣：只要有交易就有折扣，鼓勵顧客踴躍交易，如百貨公司提出「週年慶全面八五折」的優惠。
3. 季節折扣（season discount）：可被視為差別取價的一環，不調整標價，而是以折扣的方式來進行差異。餐飲的結婚淡季在每年的農曆7月，如預計在當時舉行婚禮，將有餐廳的餐價及場地的折扣，甚至冰雕贈送。其他因結婚而產生的周邊

產品，如喜餅、攝影公司、珠寶飾品及租用禮車等，皆因是淡季而享有折扣。

4.現金折扣（cash discount）：鼓勵顧客如期或早期付清貨款所給予的折扣，例如付現即享有折扣。

5.推銷折扣（promotion discount）：鼓勵中間商儘量推銷產品，如達到一定的數量時，給予進貨的優惠。在餐廳中，常舉辦服務人員的推銷菜色或酒類的比賽，得獎者往往被給予獎勵。而部分餐廳，也常運用「老顧客」介紹「新客戶」，給予雙方些許的折扣。

(二)折　讓

1.舊品換新品折讓（change allowance）：針對消費者的「換購需求」，如持舊物換新物時，可抵部分金額。可使用在滲透市場占有率及新產品鼓勵試用時來舉辦。

2.瑕疵折讓（deficit allowance）：產品或服務有瑕疵時，而顧客仍然願意接受所給予的價格優惠。

(三)回　扣

回折（debate）也稱為「回饋」，在部分服務業的市場稱為「退佣」。通常指顧客付費之後再退還其部分金額。

二、關係定價

企業常針對「老顧客」給予附加服務或折扣優惠。其相關的定價稱為關係定價（relationship pricing），此部分是屬於關係行銷

表5-3　部分餐飲機構的發卡制度及卡的種類

制度 飯店餐廳名	卡的種類	入會辦法	會員優惠	
			餐飲	客房
凱悅飯店	凱悅俱樂部會員卡	凱悅發放（限亞洲區凱悅使用）	折扣	折扣
福華飯店	1.福華卡	福華發放		客房折扣
	2.尊爵卡	福華發放		客房折扣
	3.富邦認同卡	銀行申請		客房折扣
星期五餐廳			餐飲九折	無
老爺酒店	VIP遴選		四人同行一人免費	折扣加上其他聯盟飯店住房優惠

（relationship marketing）的一環。餐飲的老顧客可能是餐廳的會員（club member）、持貴賓卡（VIP card）或認同卡（identity card）的貴賓等。這些「卡友」除了在餐廳用餐享有折扣外，另外發卡公司提供專屬的服務，及消費累積點數可兌換贈品的雙重驚喜。一般消費市場多採用非累積數量折扣，而組織市場則多用累積數量折扣。

　　如何成為飯店或餐廳的會員呢？消費者必須購買一定數量的產品或金額。表5-3 列出部分餐飲機構的發卡制度及卡的種類。持卡人除了用餐消費享折扣之外，還有免費停車、餐廳最新資訊、促銷活動專刊等各項資訊。

三、產品價格的調整

　　當企業要進入或面臨退出某市場時，或市場競爭狀況有明顯變動時，產品的價格必須隨著行銷策略而調整。調整有「調高」與「降價」兩種選擇。

(一)調高產品價格

欲調高價格的企業，需要掌握調漲的技巧，否則容易引起消費者的反感，造成反效果。

1.漲價的原因：餐廳需要考慮本身及整體的競爭環境。
   (1)成本因素：食物成本、人事成本及運輸成本等。
   (2)供需問題：如市場上供不應求，將導致售價的上升。
   (3)競爭因素：如競爭者調高價格，其他的同業則可能跟進。
   (4)全盤產品線的考量。
2.漲價的技巧：
   (1)公布成本因素：公開成本提高的事實。
   (2)提高產品的品質：可增加產品的功能、提高產品的耐用。
      餐飲的範例有增加菜色的品管、外場服務的親切度等。
   (3)增加產品的份量：調整產品的份量，使消費者感受出來。
   (4)附帶贈品：以贈品的方式，轉移消費者對漲價的注意力。
      結婚送手機、旅遊送黃金、刷卡送旅遊等。

(二)降低產品價格

降低價格的配合因素就長期的營運策略來說，必須配合以下的因素。降價初期，應注意同業的反擊方式，企業應準備數個因應的措施，來穩固產品的銷售額。

1.銷售數量提高。
2.產品成本降低。

3.銷售利潤的評估。

4.預估消費者對產品價格變動的反應。

四、產品價格競爭

用價格來產生競爭，可由兩種層面來分析。一為價格競爭，是以產品價格的高低，作為競爭的武器。另一個層面為非價格競爭，企業可以加強「價格」以外的競爭策略。

如上所述，價格競爭所考慮的因素有以下十點：

1.預期的利潤。

2.市場的潛力。

3.市場的需要。

4.競爭力。

5.產品的成本。

6.產品線的定價策略。

7.市場的區隔化。

8.促銷的計畫。

9.顧客的反應。

10.競爭者的反應。

如果競爭者先行採用「價格競爭」時，企業的因應措施是：

1.研究競爭者背景資料：

　(1)先瞭解競爭者的行銷策略。

(2)瞭解競爭者價格競爭的因素及期間長短。

(3)研究競爭者在每年的促銷計畫是否有固定習慣和特徵。

2.研究競爭者的價格：

(1)消費者對競爭者的反應。

(2)對消費者、同業的影響。

(3)只是價格改變，或伴隨著其他行銷活動。

(4)決定不理會。

(5)或採用「價格競爭」、「非價格競爭」。

　　執行降價促銷時，企業必須注意需把降價的利潤由消費者獲得，而非完全給予自己或中間商；降價的技巧要注意，不可破壞原產品的形象，如果消費者認為品質也隨價格降低，不一定會選擇同樣但低價的產品。降價後需要作結果分析，檢視降價是否有達成銷售數量的增加。「輕易降價」對產品來說是非常危險的，所以降價促銷一定要預期銷售量的增加，如此才可維持產品一定的利潤。

　　企業也可在競爭者採用「價格競爭」時，相反地採用「非價格競爭」，即迅速推出新的產品或促銷活動，避免捲入折扣或價格戰。消費者的需求水準已提高，注重消費意識、重「品質」而非「量」、吃得「飽」不如吃得「好」以及服務的軟體與硬體同等重要。餐廳只靠惡性的價格競爭來招攬顧客，已不再是致勝的利器。如果餐廳欲採用非價格競爭，應從產品的差異化做起，塑造自己餐廳及菜餚的特色。

第五節　餐飲的定價

一、菜單的定價

　　菜單的價錢必須沖銷所有的相關成本，除了占最大部分的食物成本及人事成本外，還有房租、水電、設備、生財器具及裝潢等。「綜合」的價錢還需產生合理的利潤。在定價時，除了考慮以上的因素外，餐廳主管應該以顧客的角度及眼光來決定菜餚的價值與其售價。

　　定價時需要考慮的因素有以下兩點：

1. 同業的競爭： 在目前餐飲市場上充滿「同質性」過高的餐飲及價格的情形下，如何「知己知彼，百戰百勝」？可用凸顯菜品的差異法或每日一菜，製造新聞及賣點。
2. 顧客的心理：考慮價格心理學中的數字策略，提高顧客點選的欲望及機率。例如原價400元的菜，可標價399元即可。

　　一般的傳統餐廳，師傅獨大的狀況流傳已久，有些內外場不和睦的餐廳，因人為的因素無法互相協調，營運狀況與業績並不看好，如果短時間內不改善，將問題百出，遭致換人或關閉的命運，此時餐廳主事者的決策將特別重要。預備開餐廳的老闆們，一定要具備專業的廚藝或是可以良好地控制內場人事，如果再加上外場服

物及管理的能力，就可獨力開創自己的事業，但是不可忘記服務業永遠是團隊的力量（team work），獨資當英雄必須有超人的體力及智力。

　　菜單定價基礎來自於菜餚的成本，菜單的價格結構可分為食物成本（food cost）及人事成本（labor cost）兩大部分與其他，菜單的價格必須包括以下各部分成本（見圖5-4）：

1. 食物成本：約占所有成本的40%。食物成本為餐廳成本最主要之一，占價格的比例很大（18%-60%）理想百分比是35%-40%。在同一個餐聽中，單點菜單的成本低於團體菜單、套餐菜單及自助餐。宴會菜單食物成本低於單點菜單。
2. 人事成本：約占30%。人事成本包括員工薪資、所得稅、全民健保（勞保）、員工福利、人員管理費（參考表5-4）。

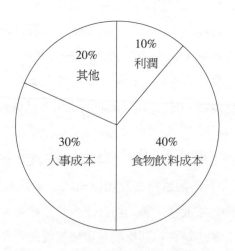

圖 5-4　餐廳中成本百分比的派圖

表5-4　台灣餐廳之人事成本參考數據

餐廳	理想的人事成本%	
外場	10%-12%	共22%-30%
內場	12%-18%	

3.營業費用成本（operation cost）：約占20%。包含房租、折舊、水電燃料、維修、一般用品、員工福利等。

4.營業稅金：含5%營業稅，12%房屋土地稅、營業牌照稅及所得稅（利潤總額的33%）等。

5.財務費用：銀行費用、貸款利息。

6.合理利潤：一般餐廳約10%-20%。在良好的經營管理下，可望得到10%-20%為合理利潤。

二、菜單價格策略

餐廳必須要考慮顧客的「付款能力」，同時這也是非常重要的市場因素。不同管理系統的餐廳會有不一樣的定價策略，但以下的兩個原則不可改變：

1.調味料也必須精確地算入菜單的成本中。

2.價格需訂在顧客可接受的範圍之內。

(一)一般餐廳採用的定價策略

1.合理價位策略：所謂合理，是指顧客能負擔得起的，並且在餐廳有賺錢的狀況下，以餐飲成本為基本，再加上某特定的倍數所訂出的售價。餐廳將自訂一食物成本比例（假設

38%），並希望能維持所有的食物成本在38%。

2. 高價位策略：如餐廳的產品獨特且暢銷，而餐廳的知名度高，定位在精緻路線的高級餐廳，可採取高價位的策略。

3. 低價位策略：「薄利多銷」發生在新產品促銷，出清存貨，變現周轉等。

4. 目錄價格（price list）策略：以目錄價格印在菜單或貼在招牌價目表上，代表在一段時間之內，不會隨意更改價格。但是仍可用促銷及折扣來增加營業額，如為季節性的時令菜，可不列入固定菜單中，由服務人員推銷或設計成特殊的套餐。

5. 價格靈活度策略：

(1) 固定價格策略：大部分的餐廳皆用此法，因餐飲的食物成本比客房大，人事費也較多，彈性取消材料或臨時調度有經驗的服務人員皆不易。故為了使餐廳營運正常，必須使用固定的菜單操作及管理。

(2) 靈活價格策略：對相同的菜單及服務內容，可以有某些程度的靈活彈性。

• 適用在大型宴會或訂單，因可修正整體的菜單及服務的內容

• 運用在常客上

• 小本經營的餐廳多用此法

其優點是跟進競爭及市場走向靈活調度及可依客人的需求，量身製訂其價格。但是千萬記得生意是「一分錢，一分貨」，如果餐廳要維持一定的水準，價格的彈性不可能太大。其缺點是容易得罪客人，當機靈的客人發現價格有

差異時，將懷疑餐廳的信譽及產生不良的反感情緒，也會造成價格的混亂，破壞市場的行情。

(二)餐飲新產品的價格策略

1. 市場暴利價格策略：推出新產品時，因趨之若鶩而訂高價，吸引追隨新產品的客源。當被競爭者仿效時，再視市場動向調低價格。
2. 市場滲透價格策略：新產品用低價促銷，目的是希望其迅速被消費者接受，提早在市場上取得領先地位。
3. 短期優惠策略：新開張的餐廳試賣或開發新產品時採用。

(三)餐飲折扣優惠策略

1. 團體優惠：可以用「以量制價」，銷售的數量多將會降低餐飲成本的比例，故有空間降低其價格。
2. 清淡時段優惠：例如下午兩點至五點用餐，或是提早使用晚餐（下午五點至七點）可便宜100元，七點後使用原餐價再接另外的客人，增加翻檯率。
3. 常客優惠：餐廳應該把經常光顧的客人好好地把握住，可運用累積數量的方法，吸引顧客繼續上門。折扣的幅度可視常客光顧的次數而定。

三、以需求為基礎的定價方法

除了成本考量外，餐廳必須考慮顧客願意付出的價位在哪裡？一般的作法是作完成本分析初步定價後，再作需求考量修正部分。

(一)聲譽定價法

有聲譽的餐廳有一定的食物及人事成本，以確保出菜的品質、服務的水準、顧客的反應，故菜單價錢不會低，擁有高層次固定的客源。如果削價賤售，顧客反而會懷疑而不再光顧。

(二)低價誘餌法

主打某些受歡迎的菜，降低售價來吸引消費者並刺激買氣，是一般餐廳常用的手法，選擇誘餌菜須是顧客熟悉且成本不至過高者。

(三)需求導向法

先調查顧客的需求，以需求來設計菜單和售價。例如美式星期五餐廳（TGIF）為了加強在台灣餐飲市場上的競爭力，主要針對下午茶、謝師宴等商機設計美式餐飲的菜單菜色，吸引餐飲的年輕客源。

(四)系列產品定價法

可以針對一系列不同目標客層設計可接受的菜單價位。另外也可針對一系列不同價位的菜價來設計菜色，不以單一菜品的成本為考量。例如可把廣東料理的點心菜價（飲茶）分為小點80元、中點120元、大點200元，另外又以點心盤子的種類及大小來分類，此方法對餐廳來說，方便於統計數量及管理。

四、以競爭為中心的定價方法

此法需要密切注意及追隨競爭的價格，而不是單純考慮成本及需求與定價之間的關聯。目前市場的建議可先考慮需求與成本後，再與競爭者的價格比較，發展出自己的價格。

(一)追隨同業法

為一般小型獨立餐廳選用此法較多。因無足夠的資金與技術人力來監督定價，故跟隨市場上同類產品的價格為定價的依據，其優點有過程簡單、顧客已經接受、不需較多的人力、與同行關係協調；而其缺點則是缺少新意、競爭者較多。

(二)追高定價法

此法的菜品應以品質來取勝，適合講究服務的高級餐廳。

(三)同質低價法

薄利多銷，但仍需維持一定的品質，否則將缺少競爭力，慢慢會被市場淘汰。

五、以數字心理反應的定價方法

(一)整數定價法

大多用於高單價的餐廳。有不計尾數的「阿沙力」氣魄，優點

為方便計價、結帳、收找錢和未來的數字統計。

(二)尾數定價法

適用於經濟型的餐廳，帶尾數的價格看起來比整位數小很多。

(三)特殊意義數字定價法

6代表「順利」，8代表「發」，9代表「永久」， 168代表「一路發」。

第六節　酒單的定價

一、酒類的銷售方法

酒單的定價與菜單不同，酒類產品的材料不是都需要再加工，且加工的人事成本並不大，因為調酒員可以同時調酒及服務，但正式餐廳菜餚一定分內場製作及外場服務，人事成本不可省。酒水的定價與其成本關係密切，必須以成本為基礎考量，再加上其他因素訂出價格。而酒水的成本確定與其銷售的方式相關，故餐廳需先瞭解酒水的三種銷售方式。

(一)整瓶或半瓶銷售

清涼飲料、啤酒、葡萄酒大多以整瓶或整罐來販售。 葡萄酒

在餐廳應該另有半瓶（half bottle size）或單杯的服務，來增加其點購率。半瓶酒的售價可比其他酒貴一些。因為價錢較少且被點飲的比例較多，可估為整瓶價格的55%-70%。

$$整瓶酒的售價 = \frac{每瓶酒的進價}{預定成本率}$$

預定的飲料成本率：

- 獨立經濟型餐廳 —— 高於50%
- 獨立高級餐廳 —— 等於或少於50%
- 飯店內餐廳 —— 25%-35%

(二)單杯銷售

單杯（by glass）酒的點飲率較高，需要較多的人力及考慮酒的流失，故其成本會提高。單杯酒的成本率可預期低一些，算出的售價會較高。

$$單杯售價 = \frac{整瓶酒的進價}{〔（每瓶容量 － 每瓶允許流失量）／每杯容量〕／成本率}$$

(三)混合銷售

一般飯店的餐廳皆使用此法。

1. 忽略其副材料，只依主材料的成本來定價，再加上一定比例的利潤。配酒及裝飾品的成本均不計算，主要材料的成本率（30%-35%）可訂低一些，在倒算回售價時才會較高。

2. 依主材料的成本來定價，加部分副材料併入食物成本，再加上一定比例的利潤。例如可把飲料中果汁類的成本併入食物成本中，其他同方法1.，主材料成本率為32%-37%。

3. 主材料的成本加副材料成本，再加上一定比例的利潤。

$$雞尾酒售價=\frac{\{主材料整瓶售價\div〔（每瓶容量-允許流失量）/每杯容量〕+其他配料整瓶售價\div（每瓶容量/每杯容量）\}+其他副材料價值}{成本率（25\%-33\%）}$$

二、酒單定價方法

(一)簡單定價法

大部分酒單的同類酒品以相同價格出售，換算成小容量服務時的成本差別更小，故有些餐廳特別是標榜高級的餐廳便依同類酒算出平均成本，以一致的成本率換算售價。

(二)綜合定價法

把酒水成本完全併入食物的成本中，但只能販售低成本的酒水，例如啤酒及清涼飲品。

1. 自助餐：含一般飲料（咖啡、非純果汁、汽水）。其他高成本的酒水另計。

2. 宴會　：含飲料的報價（如表5-5）。

表5-5　宴會飲料明細表

花雕酒	
Huo Diao（per bottle）	NT$625
紹興酒	
Shao Shing（per bottle）	NT$380
陳年紹興酒	
V.O. Shao Shing（per bottle）	
	NT$520
台灣啤酒	
Taiwan Beer（per bottle）	NT$180
新鮮柳橙汁	
Fresh Orange Juice（per liter）	NT$450
雪碧汽水	
Sprite（per 1.2 liter）	NT$160
可口可樂	
Coca Cola（per 1.2 liter）	NT$160
柳橙原汁	
100% Orange Juice（per 1 liter）	NT$250
雞尾酒（每缸40杯）	
Punch（per bowl of 40 glasses）	
含酒精（with Alcohol）	NT$4,500
不含酒精（without Alcohol）	NT$3,200
開瓶費（每瓶0.75 liter）	
Corkage（0.75 liter per bottle）	NT$600(NET)

以上價格均含稅，但需外加一成服務費
以上價格若有變更恕不另行通知
All prices are inclusive of 5% VAT and subject to 10% service charge.
Above prices are subject ro change without any fruther notice.

資料來源：台北凱悅大飯店宴會廳

專欄 5-1　餐廳定價的考量因素 ‧‧‧‧‧‧‧‧‧‧‧‧‧‧‧‧‧‧‧‧‧‧‧‧‧‧‧‧‧‧‧‧‧‧‧‧‧‧‧

1.是否控制食物成本於預定的百分比之內？

2.相關菜餚的每一項成本，是否已包括入食物成本中（例如
　調味的果汁是算食物成本或飲料成本？）

3.定價策略應包括季節材料、折扣和促銷的影響。

4.顧客對價格敏感度？

5.定期對顧客進行其價格的感想。

6.密切注意會影響食物成本的每一個因素——採購、驗收、
　會計、營運與行銷。

7.不可調動價格太頻繁，基本上一年調整一次。

第四篇

促銷策略

─第六章─
促 銷 策 略

第一節 促 銷

一、何謂促銷

　　從「有廣告就能推銷的時代」到「有知名度才可推銷的時代」，
一般企業只要生產品質好的產品，再配合大眾傳播的廣告，便可輕
易地把商品推銷出去。然後進展到即使有做廣告也不易把產品推銷
出去，無論提供的產品有多好，如果促銷（sale promotion, SP）做
不好，商品仍然無法銷售。美國行銷協會也指出，所謂促銷是指廣
告、公共報導、人員銷售以外的推廣活動而言。

　　近年來餐飲界的促銷活動有越來越被重視的跡象，例如飯店中
各餐廳的美食促銷常常每月在各餐廳中輪流舉辦，而且是飯店整體
動員，全力配合。而促銷活動的重要性為何？有下列數項理由：

1. 新產品不斷推出，因此必須以SP來誘導消費者來購買。為了
   迎戰新產品的促銷活動，舊產品不得不再推出新的促銷活
   動，結果形成許多的促銷活動。
2. 零售店影響力日增。企業採用短期作戰的方式，加速店頭商
   品的汰舊換新，以爭取零售店的支持。
3. 餐飲多靠地區性的生意，而促銷常比較符合地區的特性。
4. 促銷期間營業額大幅增加。
5. 消費者對廣告效果存疑，相對地對促銷活動產生信心及期

待。不論新舊產品的同質性越來越高，廣告所能表現的結果差距不大，所以需要SP來幫忙促銷。

二、促銷的類別

餐飲促銷的種類可以依促銷方法、促銷期間、促銷對象來加以分類。

(一)依促銷方法分類

1.折扣：利用優待券、積點券、折價券等。
2.贈品：美食節抽獎獎品、贈送小菜或餐後甜點、業務部贈送給秘書小姐的禮品。
3.接觸產品：餐廳試賣試吃、美食發表會、參加各類美食展及食品展等。
4.氣氛服務：樂器演奏、服裝秀、餐廳裝潢及佈置、特別節目表演。
5.餐飲服務：特別的美食與文化介紹、搭配飲料及酒類、禮聘出名的客座廚師表演、特別的飲用法及吃法。

(二)依促銷期間分類

1.週促銷：
  (1)春假（spring break）──搭配客房的整套度假服務。
  (2)秘書週（secretary's day）（四月份的第三週）──秘書用餐消費折扣及贈品。
  (3)美食：星期套餐──台北來來大飯店安東廳，讓忙碌的商

務人士，從週一至週五依自己心情的起伏，尋找選擇新式法國料理的新動機，來契合當日心情每日一套的創意法式料理。

(4)美食：松露週（truffle week）——台北來來大飯店安東廳，選用有「上帝的寵兒」之稱的珍貴松露，另搭配法國酒Pouilly-Fuisse Louis Larout白酒及Nuits St. George Louis Latour紅酒。

2.月促銷：推出每月一酒、「五月香芒蛋糕」、六月新娘的喜宴旺季及趕在年底前的結婚列車。

3.季節促銷：

(1)春季：以當季蔬果入饌為主題的促銷，例如法國菜的蘆筍、春天日本的櫻花料理及茶道。

(2)夏季：清涼的冰品、清淡爽口的沙拉、低卡路里的「有機料理」。鳳凰花開的謝師宴（如圖6-1）（graduation party package）季節、夏季考生專案。

(3)秋季：大閘蟹的肉多膏肥，搭配薑茶飲用，滋味甜美。

(4)冬季：開始賣暖熱的食物及飲料，例如：

．廣東菜的煲及台菜的火鍋

．瑞士的起司火鍋——使用進口的 Emmenthal 和Gruyere來製作，享受洋味的拔絲效果

．台灣道地的麻辣火鍋

．食補不如藥補的藥膳

．法國料理的山珍野味、新鮮菇菌採收時節

．加了烈酒的滾熱咖啡等

4.年度促銷：週年慶促銷、創辦人紀念日等。

Flamingo 謝師饗宴

佛朗明哥誠摯地邀請
即將踏出校門的準畢業生，
共享這值得歡聚的時刻，
並對諄諄教誨的老師們
獻上最深切的感謝與祝福~

促銷期間：
89年5月1日(一)~8月31日(四)止

● **星期八西餐廳-西式自助餐**
　限團體訂席人數50位以上
　西式自助餐每位480元+10%
　贈 雞尾酒一缸
　　　教師用餐八折優待(限一位使用)

● **VIP包廂-西式自助餐**
　限團體訂席人數50位以上
　西式自助餐每位680元+10%
　贈 教師用餐五折優待(限一位使用)
　　　兩小時KTV抵用券+雞尾酒一缸
　　　平日貴賓券五張(價值5000元)

● **Amigo Pub-歐式綜合自助餐**
　限團體訂席人數50位以上包場
　歐式綜合自助餐每位880元+10%
　現場提供DISCO舞池、燈光、
　音響及卡拉OK伴唱等設備。
　贈 教師用餐免費招待(限一位使用)
　　　平日貴賓券五張(價值5000元)
　　　平日塞班豪華套房住宿券一張
　　　(5600元+10%)

● **紅鶴樓中餐廳-中式宴席**
　限團體訂席人數20位以上
　凡訂席2桌以上可享優惠。
　*每桌NT$5000 每桌贈送紅酒一瓶
　*每桌NT$6500 贈送KTV包廂歡唱兩小時免費招待
　*每桌NT$8000 每桌贈送貴賓券兩張(可使用VIP包廂)
　註:以上訂價均需另收一成服務費

● **海灣休閒渡假俱樂部一日遊**
　限團體預約人數30位以上
　可搭配歐式綜合自助餐每位880元+10%或
　中式宴席8000元+10%之二合一超值優惠，
　每位1500元。
　另可享用俱樂部會員專屬區之休閒設施。
　◎購買俱樂部貴賓券或住宿券可享優惠
　本俱樂部備大型停車場

免費接送
紅樹林捷運站

免費接送
紅樹林捷運站

全館開館時間
AM09：00~PM24：00

星期八西餐廳
午餐 AM11：30~PM02：30
晚餐 PM05：30~PM08：30

紅鶴樓中餐廳
午餐 AM11：30~PM02：30
晚餐 PM05：30~PM08：30

會員專屬區
週一~週五 AM10：00~PM10：00
週六 AM09：00~PM11：00
週日 AM07：00~PM09：00

佛朗明哥渡假俱樂部
FLAMINGO INTERNATIONAL HOLIDAY RESORT
台北縣三芝鄉淺水灣街一號
TEL：(02)2636-8999
FAX：(02)2636-8636
餐飲訂席請洽訂席服務部
TEL：(02)2636-8999轉1200~1203

圖 6-1　佛朗明哥渡假俱樂部謝師饗宴

資料來源：佛朗明哥渡假俱樂部

5.特定節慶日促銷：

(1) 一月：
    - 元旦（New Year's Day）──開年招喜特餐
    - 尾牙工商聚餐──慰勞辛勤員工的酒席加上卡拉OK

(2)二月：
    - 西洋情人節（Valentine's Day）──法式浪漫情人套餐
    - 農曆新年（Chinese Lunar New Year）──除舊佈新團圓桌席

(3)三月：婦幼節（Women and Chridren Day）──親子俱樂營。

(4)四月：復活節（Easter Day）──巧克力蛋、巧克力兔子。

(5)五月：
    - 母親節（Mother's Day）──母親節蛋糕加康乃馨
    - 端午節（Dragon Boat Festival）──晶華的端陽港式裹蒸粽

(6)六月：無。

(7)七月：美國國慶日──美國週或美國系列的美食節（America Festival）。

(8)八月：
    - 父親節（Father's Day）── 父親節蛋糕加贈品
    - 中國七夕情人節（Chinese Valentines' Day）──中西式情人饗宴

(9)九月：教師節（Teachers' Day）──教師特惠專案。

(10)十月：
    - 國慶日（Double Tenth Day）──取景看煙火的餐廳好

去處，豪景酒店、福華新光三越雲采餐廳

・萬聖節（All Saint's Day）──南瓜服裝造型秀，小朋友的贈品有南瓜餅乾、雕刻的小南瓜燈

(11)十一月：

・聖派約克日（St. Patrick's Day）──特調飲料。

(12)十二月：

・聖誕節（Christmas Day）──結合聖誕大餐、化妝舞會、夜宿客房優惠的餐飲聖誕大事，為豐收辛勤的一年劃下句點

・西洋年夜倒數舞會──化妝舞會，倒數計時，在「10-9-8-7-6-5-4-3-2-1, Happy New Year」擁抱及祝賀聲中熱鬧結束

6.特定時間促銷：

(1)早午餐或早午茶（Sunday brunch）：配合一般大眾在週日會晚起的作息習慣，常常把早午餐合併一起吃，而且吃得很好的方式，而衍生出的早午自助餐或港式飲茶。brunch為breakfast及lunch的合併字。

(2)下午茶：午茶時間常可以吸引聊天的婦女消費族群，及洽商的咖啡族群。

(3)酒吧的快樂時光（happy hour）：指週一至週五傍晚的六點至七點，因洽商的住房客皆一一回到飯店中，而外籍人士的習慣喜歡在用晚餐前淺酌一番或喝杯啤酒找人聊聊天，此時為吸引更多的人士使用飯店的酒吧，常有「快樂時光，買一送一」（happy hour, buy one get one free）的優惠。

(三)依促銷對象分類

1. 餐廳內部促銷：從事餐飲服務的廣大從業人員，是不可忽視的潛入消費者。
2. 對消費者促銷：消費者包括一般消費者、常客及VIP客人。

三、促銷目標

促銷的目標可以針對餐飲企業及消費者來說明。除了達成企業內部的目的、幫助建立企業的行銷體制、教育銷售人員「顧客第一，行銷第一」的觀念，另外也可教育消費者充分認識產品及喚起需求，激發購買行動。促銷也可解釋為藉由告知（inform）、說服（persuade）和提醒（remind）來達成此目的。

(一)促銷可達成的目標

1. 鼓勵新顧客試用產品。
2. 使顧客產生購買的動機。
3. 使「老客戶」繼續使用此產品。
4. 鼓勵已有的顧客多採用同企業的產品。
5. 鞏固產品在市場的占有率，打擊其他的競爭者。
6. 搶占其他品牌的市場。
7. 強化廣告。

(二)促銷無法達成的事件

1. 無法增加消費者對品牌的忠誠度。

2.無法掩飾價格的缺點。

3.如其他行銷組合很弱,促銷也無法彌補一切。

4.無法代替廣告。

四、聯合促銷

　　聯合促銷是指不同類別的企業或廠商,為達成產品銷售成長及相互獲利目標,各自貢獻一己之力,把產品用各種方式結合起來,共同促銷。餐飲業最常連結的相關類別行業有旅館、航空、旅遊、食品、飲料等,而針對不同目標客層而常連結的有婚紗、廣告、金融、學校等較不相關的行業,聯合促銷舉辦的美食節活動就是餐飲業最好的促銷策略,美食節活動帶來的促銷威力,也能帶動平日的業績約三成以上。

　　以往的餐飲美食節只針對單一的國家作大主題的推廣結合,近來為了區隔餐飲菜式,美食活動除了更精緻化餐飲服務,以更多元豐富多角的促銷服務來吸引消費者,美食的再精緻及特色應是未來

專欄6-1　新噱頭——異國美食結合旅遊 ·························

　　國內飯店業餐飲市場在國際觀光旅館大量進駐後,本土財團因應本國消費市場需要所強化的餐飲比例越來越大,以往客房與餐飲四六的比例甚至已調整到餐飲七成,客房三成的比例。餐飲特別強調美食節結合促銷餐飲業績,市場上甚至有飯店的餐廳一年高達二十個推案,而飯店的美食推案也進一步刺激其他高檔餐飲業的促銷方式。

的致勝重點。如何使美食節更有特色呢？坊間已開始有研究各國美食區域特色的書籍可供參考，另外還有更深入的飲食文化介紹、更多元化的企業聯合、甚至更精打細算的活動成本分析，以迎合未來Y2K時代的精明消費者。例如亞都麗緻大飯店的普羅旺斯鄉村菜（法國菜）、台北西華大飯店東西合併的夏威夷菜（美國菜）、台北福華的巴伐利亞美食節（德國菜）等。

　　美食節促銷排期常常是上一個年度即排好的，但不是不可以更改的，尤其餐飲是跟著時事與流行走。例如前幾年的李總統中南美洲太平之旅，凱悅飯店及台中長榮桂冠酒店等即時帶動秘魯、墨西哥美食，流行吃什麼在飯店中有如瘟疫，有人率先推出，馬上一窩蜂跟進。

(一)聯合促銷的型態

　　1.共同的目標市場：

　　　(1)例如信用卡公司與飯店或其他企業成立「認同卡」，一起攻占某一特定的目標市場。

　　　(2)由法國食品協會主辦，若干大飯店喜宴餐廳、婚紗喜餅公司、旅行社及航空公司，聯合參與「法國禮讚——波爾多世紀婚禮」，強占千禧年的結婚市場。特色在於結合共同目標市場的廠商，以Bordeaux 波爾多AOC級酒款為宴客酒款，佳偶可享受其他聯合促銷廠商的優質產品及贈品。另外可參與法國Bonjour卡的「打造理想家」的方案，協助新婚夫妻合乎效益的理財方式，為未來理想作萬全的準備。

　　2.原有互補關係：產品本身與其他產品具有互補的關係，例如

牙刷及牙膏。

3.時間性互補：例如7-ELEVEN早餐時間的促銷組合，三明治與牛奶；飯店酒吧在傍晚時促銷的happy hour中的啤酒與下酒小點。

4.過程互補：可滿足某一消費過程的需要。例如：搭乘國華航空班機直飛高雄，由專車送往墾丁度假別墅，並贈送雙人豐盛的自助早餐，並可使用信用卡分期付款。

5.新開發的互補：替雙方產品想出新的用途來結合。例如電影客層與美式速食餐廳的結合，1988台北電影大餐盡在Friday's——喝午茶、看電影，消費者於活動期間的午茶時間至TGIFriday點用下午茶，即可獲贈1988台北電影大展選片手冊及電影票兌換單，顧客可依照選片上的介紹，再按照優先順序於電影兌換單上填入三部電影片名，餐廳的服務人員便會代為安排場次，贈送電影票兩張。

6.季節性的需求：夏天的冰品與電風扇；冬天的熱飲與除濕機。

7.獨立展示的空間：例如7-ELEVEN強調18°C的冷藏展示櫃，陳列三角御飯團、三明治、涼麵等聯合促銷的產品。

　　由異業結合的聯合促銷活動，強調資源整合與共同通路，使消費者「一家消費，多家保障」。在此觀念下，企業在參加或選擇異業合作時，需考慮異業的企業形象是否與自己配合，產品是否可用以上的各種聯合方式結合起來，否則也可能造成相反的效果。

(二)聯合促銷的好處

1.雙方共同負擔促銷費用。

2.重複陳列將提高產品的知名度，刺激消費者購買意願。

3.刺激消費者增加消費量。

4.刺激消費者繼續使用舊的品牌，再嘗試使用新的品牌。

第二節　促銷的組合

一、促銷組合

促銷與廣告同為推廣的手段，在推廣的過程中，促銷是廣告與人員間的橋樑，先展開廣告活動，再促銷活動，然後才是人員銷售活動。參閱圖6-2可發現推廣目標是廣告、促銷公關及人員的共同目標。促銷組合（sales promotion mix）包含以下各個促銷工具：

1.行銷活動（SP）：如展示會、拍賣會、新產品發表會。

2.廣告：為推銷某觀念或產品，做出的支付代價的表達方式。

3.人員銷售：為了銷售產品而做出推廣行動的人員。

4.公關（PR）：經公關人員利用不付廣告費用的大眾傳播媒體，來做公開宣傳。

二、促銷與廣告

行銷中有一個廣告與促銷呈現相反作用的矛盾，因為廣告的目的在於培養消費者對品牌長久的忠誠，而「促銷活動」（SP）或

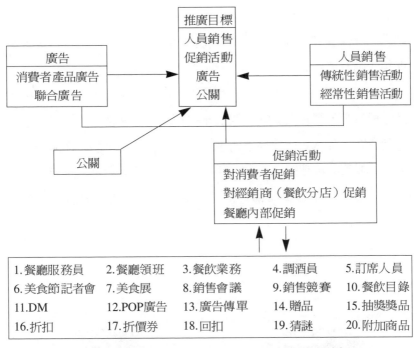

圖6-2　廣告、促銷、人員、公關的互動關係

「銷售促進」只是針對短暫的行銷效果。如果SP打得頻率太高，反而使消費者降低對該品牌的信心。對企業來說，最好的行銷方式是用廣告來攻占市場、建立品牌的忠誠度、使消費者對產品有信心。但複雜的市場戰況及行銷策略，使SP是不得不的必須手段。例如食品的廠商在競爭便利超商中的貨品陳列位置，為了搶占優勢品牌的位子，必須用SP來提高產品的回轉率。或是產品的高銷售期已過，必須用SP來提高銷售量。餐飲界最常用的 SP即是舉辦各式的美食節，在相同的餐廳，做出多種菜餚的變化來吸引消費者，提高其營業額。

　　促銷與廣告仍有互補的作用。例如新產品上市，廣告可與新產

品的試用品配合，可以產生良好的互補作用。所以企業在做促銷企劃之前，應先瞭解廣告與SP的相反與互補的作用（如**表6-1**），使促銷活動有更好的效果。

促銷組合在企業內部應交互作用，例如用廣告來幫助人員銷售及行銷活動，銷售人員在行銷活動中幫忙並提升企業的形象，等於是做公關。雖然組合要綜合運用，但企業仍需視產品特性與市場需要，而偏重某項促銷工具。例如「消費品」產品著重於廣告與促銷方式，而工業用機械設備著重在人員推銷，然後才是廣告及公關（如**圖6-3**）。

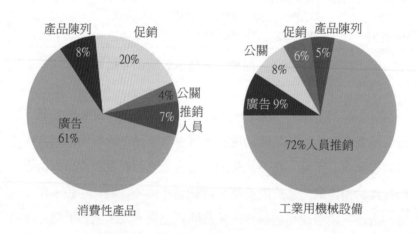

圖6-3　依產品特性的促銷組合

表6-1 廣告與SP之相反與互補的作用

促銷方法	相反作用	互補作用
1.折價券	・破壞消費者對產品的品質印象 ・針對特定對象來使用 ・增加折價券本身的價值	印刷媒體例如報紙及雜誌上的折價券可提高消費者對該廣告的注意
2.特價	・特價會破壞消費者對產品的品質印象 ・應運用假日、節日及週年等	無
3.禮券	・另一減價的方式 ・禮券的設計及內容注意需符合企業形象	製造業的產品廣告加上禮券可以鼓勵零售商退貨
4.贈品	・贈品的質感需搭配主打產品，價格太低或品質不佳不如不送 ・沒有用處或創意的贈品將有反效果	如產品的差異性難以區別時，可利用贈品來區分
5.抽獎	・創造立即的促銷效果 ・如立即的促銷效果不成功，帶來反效果	廣告加抽獎大大引起消費者的興趣，進而對產品增加瞭解
6.猜謎遊戲	・增加產品或活動的趣味性 ・短期的促銷結果	可設計與產品有關的問題來進行，增加消費者對產品的瞭解
7.比賽	・比賽需靠技巧及體力 ・無法普及，只限於特定的對象	如命名比賽的廣告，可增加消費者對產品的瞭解及產品品牌知名度的提升
8.獎勵	・對忠實愛用者效果不大 ・消費者較喜歡立即式的獎勵	可在廣告上用此方法來幫助行銷效果，例如消費者於飛航上哩程數達到一定數字，即可獲得免費機票一張
8.試用品/樣品	・費用高 ・控制發放的數量及對象 ・較無反效果	廣告加上試用機會，使效果加倍
9.招待券	較無反效果。因 event 活動的招待券常有教育、健康的意義	・對企業形象及品牌知名度有迅速提升的效果 ・可加強顧客的忠誠度 ・可加強短期促銷的結果

第三節　促銷決策

一、影響促銷決策的因素

影響促銷決策的因素有四大類，分為促銷組合特性、目標市場特性、產品特性與組織特性。

(一)促銷組合特性

促銷組合已於第二節中介紹，比較其成本效益，可以導出其對促銷策略的影響。廣告及公關可以較低成本價來對大眾傳播訊息，缺點是內容規格化，無法配合個別顧客量身訂做。而人員銷售不似前兩者，只能把訊息傳給少數人，且速度緩慢，以每位接收者的成本而言其成本最高；但可以配合每位顧客個別解答問題並搭配不同型態的服務組合。SP活動屬於短期效應，主要目的在於增進銷售，成本介於廣告與人員銷售之間，所以小型企業為了成本因素多採用人員銷售居多，而大型餐飲企業除人員銷售外，另可運用大眾媒體與公關活動。

(二)目標市場特性

促銷的目標市場需考慮消費市場、組織市場、顧客數量、地理區域分配、訂單金融、教育水準等特徵。表6-2中列出部分目標市場特性對促銷決策的影響。另外針對不同的餐旅目標市場，可以使用適當的促銷類型（參考表6-3）。

表6-2　部分目標市場特性對促銷決策的影響

目標市場特性	對促銷決策的影響		
	偏向廣告	偏向人員銷售	偏向SP
1.市場類型	消費市場	組織市場	
2.顧客數量	多	少	
3.訂單金額	低	高	
4.地理分佈	分散	集中	
5.教育水準	高	低	
6.購物傾向	便利性	休閒性	衝動性

表6-3　餐旅目標市場與促銷的類型

目標市場	促銷類型	可能的合作者
個別的顧客	・餐旅企業簡介（小冊子） ・媒體廣告 ・直接郵寄 ・銷售促銷 ・中華美食展、國際旅遊展	・食品公司 ・航空公司 ・信用卡公司 ・旅行社 ・各種相關行業
團體	・簡介小冊 ・專業雜誌廣告（《旅報》、《美食天下》、《管理雜誌》的會議廣告） ・親自業務拜訪	同上
旅遊業	・簡介小冊 ・印刷品文宣 ・親自業務拜訪 ・直接郵寄 ・產品介紹、代理商訓練 ・業界刊物刊登廣告	・航空公司 ・旅遊大盤商 ・旅行社 ・航空公司、觀光旅遊行銷機構

(三)產品特性

　　產品特性於前章已介紹過,雖然產品特性與目標市場有密切的
關係,此時仍區分出來說明其對促銷決策的影響(參考**表**6-4)。

(四)組織特性

　　規模小的企業無法吸引媒體的注意,也沒有經費打廣告來增加
其知名度,而大型企業則無此問題。

二、促銷決策模式

　　促銷決策的模式應先決定促銷的目標,再決定促銷的預算,選
擇促銷的組合,最後決定評估準則(參考**圖**6-4)。

(一)促銷目標與評估準則

　　促銷目標可分為知覺目標(perceptual objective)及銷售目標
(sales objective)。知覺目標是指關於知曉、態度等方面的目標。促
銷的銷售目標是指應該達到某銷售數字,在餐飲來說,基本的利潤
應該有營業額的10%以上。決定了促銷目標也必須決定評估的準
則,但實際評估的方法將受到所選擇的促銷組合的影響,例如公共
報導偏重於知覺目標,而主要的評估準則即為媒體報導次數(見報
率)。

(二)促銷預算

　　為了要達成促銷的目標,必須要動用人力與物力的成本來產生

表6-4　產品特性對促銷決策的影響

產品特性	對促銷決策的影響		
	偏向廣告	偏向人員銷售	偏向SP
1.產品類型	消費品、便利品	工業品、耐用品	
2.產品生命週期	前期	中後期	
3.價位	高	低	低
4.使用場合	公開	私人或公開	公開

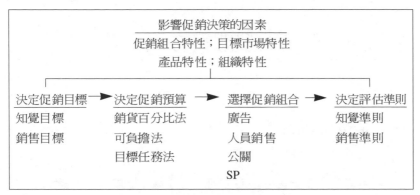

圖6-4　促銷決策的理論模式

消費的原動力。餐飲業界常用的方法有銷貨百分比法（percentage-of-sales method），是依據以往經驗，從整體營業額的某個百分點來計畫。扣除利潤（一般皆需在10%以上）則為可負擔的人事成本、食物飲料成本及其他成本。至於可負擔法（affordable method）是公司決定可以負擔多少的促銷費用，此方法適用於促銷目標在於提高公司的企業形象。目標任務法（objective-task method）是理論上最合理的方法，是根據目標來決定應完成何促銷活動，再估計這些活動所需的活動加總，即為促銷的預算。

(三)促銷組合

決定促銷預算後,再選擇促銷組合(promotion mix),把預算分配到廣告、人員銷售等促銷組合上。如果經費不多,可放棄金額大的廣告,而採用印製文宣品及人員銷售。而Belch博士則認為促銷組合是由廣告、直銷、促銷、公關/公共宣傳、人員銷售共同組成。

第四節　促銷的型態與方法

一、促銷的型態

促銷的型態依銷售通路的不同,可分為三種類型(如**表6-5**):

1.由製造商衍生出的促銷活動:
　(1)針對零售商推銷:藉由鼓勵零售商大量進貨,來減少製造商的存貨。
　(2)針對消費者推銷:直接刺激消費者對產品的需求。
　(3)針對零售商和消費者推銷。
2.由零售商直接對消費者的促銷活動:例如特賣。
3.由不同業種進行的聯合促銷。

表6-5 促銷的型態

銷售通路	製造商↓零售商	製造商↓消費者	製造商↓零售商↓消費者	零售商↓消費者
範例	免費商品 交易折扣	附贈品 送樣品	贈禮券 集點券	特賣活動 降價活動

二、促銷的方法

餐飲促銷的方法可以依不同的人員、商品、道具、利誘、制度方式來加以分類。

(一)以人員為方式

1. 餐廳第一線服務員：任何會與顧客接觸的餐飲服務人員，皆可成為良好的餐飲銷售員，可運用專業的餐飲知識引導顧客點用餐飲，建議顧客搭配餐食及佐餐飲料，創造美好的用餐氣氛及回憶。

2. 飯店或餐飲業務員：常常拜訪顧客，提供各種促銷活動的資訊或折扣券。有些餐飲企業的業務業績將影響到其薪水或年終獎金，所以向自己僱用的業務人員推銷促銷案，是一個確認營業額的方法。

3. 餐飲訂席員： 餐飲業務員為宴席前與顧客溝通的重要橋樑，

每個業務員必須要有某個限度的彈性折扣，以便得到商談促銷專案（promotion package）的成功機會。

(二)以商品為方式

1. 從美食、美酒、主題菜餚、自創調酒到雪茄。
2. 展示品：放置在餐廳櫥窗中的菜餚及飲料仿製品，常常看不出來是假的，通常在份量上都比實際上菜時要大得多，但也發揮了吸引消費者的功能。
3. 附加商品：例如麥當勞的買超值套餐加購Kitty與Daniel活動，造成嚴重的瘋狂排隊搶購現象，可見靠有魅力的附加商品來促銷，也有神奇的力量。
4. 新的服務方式：
   (1)開放式廚房（open kitchen）：例如最近1998年重新裝潢的凱菲屋（台北凱悅飯店），大量運用開放式廚房來吸引食客，大幅拉近廚師與顧客們的距離，使營業額原本就不錯的餐廳，急速竄升到每月新台幣1,300萬元。
   (2)咖啡配料自助區：強調咖啡豆品質與烘焙的星巴克咖啡，強調年輕流行的消費族群，烹調好的進口咖啡再加上一個配料自助區，可依自己的喜好添加糖、奶水、巧克力粉或肉桂粉，吸引著倍受尊重的新新人類。

(三)以道具為方式

1. 產品目錄：單點菜單、套餐菜單（set menu）、宴會菜單、飲料單、葡萄酒單、宴會設備單、宴會大宗酒席飲料單等。
2. 海報（poster）：通常促銷的海報將被放置在餐廳的大門口

及飯店的大廳中。

3.陳列品：餐飲實品的吸引力比文宣的照片要強：

(1)所以中餐廳的小菜及西餐的甜點都是用托盤或推車，陳列促銷品至顧客桌前推薦銷售。

(2)變裝魔法桌：餐廳的入口或明顯處常被佈置一個放置促銷品的小桌子。例如在中秋節之前的促銷月餅，可以在桌子上找到不同口味的月餅及應景的搭飾品（柚子、品茗茶具、中國風味飾品等）。

4.推銷文宣品（printed materials）：餐廳介紹（如圖6-5）、餐廳雜誌或餐訊、美食文宣（如圖6-6）、推銷信函（news letter）（如圖6-7、圖6-8）。

5.廣告傳單（flyer）：美食節各式傳單。

6.郵寄廣告信函DM（direct mailing）：可以利用推銷文宣品及廣告傳單作為DM，或另外設計及印刷再加以郵寄，通常會從業務行銷部的顧客檔案找出促銷的對象來寄發。

圖6-5　晶華酒店的上庭酒廊

資料來源：晶華酒店

圖6-6　晶華酒店的法國美食節

資料來源：晶華酒店

台北凱悅大飯店
GRAND HYATT TAIPEI

情人看招

古老的神話總是如此美麗，七夕的明月更加浪漫，衷心期許您倆的真情在此特別的日子裏留下難忘的回憶。

台北凱悅大飯店在八月二十八日七夕情人節，於三樓宴會廳精心部署唯美的燭光晚餐。餐後儘管陶醉在二人世界裡，凱悅貼心準備了浪漫客房。雙人燭光晚餐，氣泡美酒及精緻客房一夜住宿，只需新台幣8,888元。 席間尚有驚喜摸彩及現場音樂演奏。 午夜十二時將抽出一對幸運佳偶，升等至總統套房住宿一夜。

如果用餐之後另有計劃，不需住宿凱悅客房，您亦可以新台幣5,888元。享受精緻設計之雙人晚餐。

訂位詳情請洽：
凱悅訂席中心：2720 - 1200 轉 3199 / 3198
或洽宴會業務部2720 - 1200 轉 3531 / 3437 / 3432

CHINESE LOVER'S DAY SPECIAL

Maybe you know the myth of the stars which
contains a great ancient Chinese love story.
Romance always
inspires our hearts.
With the great deal of
CHINESE LOVER'S DAY SPECIAL
at the Grand Ballroom, third floor,
a sensational candleglow dinner for
two plus a sweet guest room is ready
for you at only NT$8888 on August 28, 1998.
Great entertainment will be performed during dining.
Or you could have the package of NT$5,888 including
dinner for 2, 2 glasses of sparkling wine,
hand-made chocolate, and surprise lucky draw.

**For reservation and more information,
please contact:F&B Reservation Center
at TEL: 2720 - 1200
Extension 3199 / 3198　or
Catering Department
at extension 3531 / 3427 / 3432**

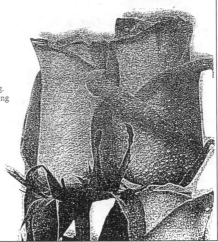

圖6-7　台北凱悅大飯店的「情人看招」

資料來源：台北凱悅大飯店

八月桂花香、國賓月餅情

國賓大飯店
AMBASSADOR

中秋月夜，團圓時刻，國賓月餅相伴，倍增佳節氣氛。

即日起，國賓大飯店月餅禮盒新鮮上市。由點心師傅全手工烘培的國賓月餅，味道香濃馥郁，堅持一貫的自然風味，完全不含防腐劑，是您中秋團圓賞月時少不了的傳統美點，更是餽贈親友最誠意的選擇！

● 國賓素食月餅六粒裝
　 共6種口味：榴槤、鮮栗子、起司、桂花、抹茶、海苔。
　 售 NT$1100(含稅)
● 國賓傳統月餅六粒裝
　 共5種口味：土果、蛋黃、核桃、棗泥、蓮蓉。
　 售 NT$990(含稅)
● 國賓鮪魚單品月餅六粒裝
　 售 NT$990(含稅)

◎為回饋消費者，凡一次訂購二十盒以上，九折優待；五十盒以上，八五折優待；壹百盒以上者，八折優待；台北市區三十盒以上免費送達。
◎即日起接受預約至8月26日起開始取貨，取貨地點：國賓大飯店二樓新館凝香廳，取貨時間：上午9點至下午6點。

預訂專線：(02) 2100-2100 轉 2174~2177

　　　　　(02) 2551-1111 轉訂席組

國賓大飯店股份有限公司
台北・高雄・新竹
總公司：台北市中山北路 二段六十一號
The Ambassador Hotel
Corporate Head Office
63 Chung Shan North Road
Section 2, Taipei, Taiwan
Telephone (02) 2551 1111
Facsimile (02) 2561 7883 / 2531 5215
http://ambh.com.tw.

圖6-8　國賓大飯店的「八月桂花香、國賓月餅情」
資料來源：國賓大飯店

(四)以利誘為手段

1.折價券、折扣：在不景氣時，最常運用的促銷手法。例如圖
　6-9王品台塑牛排與富邦銀行合作的優惠券。

2.回扣：回饋給幫顧客訂房及訂席的秘書小姐。

富邦信用卡優惠券

王品台塑牛排

您一輩子的好朋友

憑富邦信用卡及優惠券於優惠期間

88年8月1日～88年12月20日

至全省王品台塑牛排各分店消費時

即贈送

法國紅酒乙瓶(375ml)!

◆每次消費限兌換本券一張　◆本券不得與其他紅酒兌換券重複使用

全省直營連鎖店

台北光復店：02 -232 5-34 78	台北中山店：02 -253 6-13 50	台南大同店：06 -223 -796 6
台北市光復南路612號	台北市中山北路二段33號2樓	台南市大同路一段20 0號
板橋文化店：02 -227 2-20 16	桃園中山店：03 -339 -165 0	高雄中正店：07 -224 -209 4
台北縣板橋市文化路一段71號	桃園市中山路54 6號	高雄市中正三路16號
台北雙和店：02 -866 0-05 81	新竹北大店：03 -525 -323 6	高雄七賢店：07 -261 -403 6
台北縣中和市永貞路28 6號	新竹市北大路18 8號	高雄市七賢二路34 1號
台北和平店：02 -239 3-46 89	台中中港店：04 -201 -201 2	高雄民權店：07 -226 -624 1
台北市和平東路一段17 7號	台中五權店：04 -320 -643 0	高雄市民權一路88號
台北南京店：02 -275 6-27 11	台中文心店：04 -320 -643 0	
台北市南京東路五段16 1號	台中市文心路三段30 8號	

圖6-9　台塑牛排與富邦銀行合作的優惠券

資料來源：富邦銀行信用卡

3. 贈品、抽獎獎品：母親節的康乃馨、情人節的玫瑰花、美食節的抽獎獎品雙人來回機票。

4. 招待或免費。

5. 限量販售：例如國賓飯店的巨蛋麵包，一個來自日本特殊口味的麵包使驅之若鶩者大排長龍。

(五)以制度為方式

1. 美食節記者會：特別安排的餐點及搭配節目，吸引媒體文字記者在該媒體上作適時的推廣及促銷。

2. 影友會：利達民葡萄酒與凱悅飯店合作「點任何利達民葡萄酒乙瓶即可參加與成龍共進晚餐的香港四天三夜遊抽獎活動」。

三、促銷方式與產品週期

　　產品生命週期與其促銷方式也有密切的關係。適合在產品導入期進行的促銷方式有分發廣告傳單、寄發DM、實施POP廣告及新菜試吃會等。至於在產品成長期適用的促銷方式是利用贈品、專心衝刺業務人員的訓練及業績。

　　在產品成熟期適用的促銷方法有舉辦銷售競賽、更換POP廣告、再刺激業務人員的潛力。例如餐廳在販賣整瓶或單杯的葡萄酒時，均會舉辦該餐廳服務人員的銷售比賽，銷售業績得獎者會得到經理的獎金或獎品，在筆者訓練過的員工或學生中都會記得，只要把握住每一個銷售的機會，實際身體力行（action），常常會有意想不到的滿意結果。而產品衰退期所使用的促銷方式是贈品、折扣、折價券、買一送一等。

四、事件行銷

(一)事件行銷的定位

　　事件行銷（event marketing）或特殊事件（special event），是指運用某種與產品或其價格沒有直接關係的事件或活動，使達成特定的行銷目標。例如飯店與藝文合作舉辦的「藝文活動」，餐廳與公益團體舉辦的「公益行銷」，餐廳可能是主辦單位或只是一個贊助者。

　　event並不能算是公關的一部分，其定位可參考圖6-10，來說明event與公關及促銷之間的關係。就是說event是屬於促銷及公關的一部分，也可說促銷是公共關係的event。由於促銷的目的在銷售促進，可以與銷售結合在一起；而公共關係的目的是傳遞溝通，與銷售的關係比較偏離。因此特殊事件也可說是一項有計畫的活動，其性質涉及促銷及公共關係的部分領域，其目的直接、間接的與銷售有關。

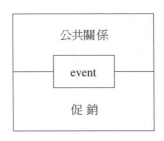

圖6-10　event的定位

(二)事件行銷的種類

通常event是以活動為媒體，表現的方式可大致分為四個種類：

1. 運動類event：適合汽車、飲料、家電及體育用品行業。
2. 集會類event：適合食品、服務及通訊行業。
3. 音樂類event：適合飲料、百貨、服飾及音響行業。
4. 美術類event：適合百貨、文化出版及金融機構等行業。

而此四大類的event，又可以針對訴求對象的多寡及訴求對象的屬性區分為四個類別，如圖6-11中的老人濟助屬於個人公益活動，促銷信函則屬於個人營利活動，PR雜誌屬於大眾公益活動，商品特賣則屬於大眾營利活動。

	個人 ←——→ 大眾	
公益	老人濟助 國際交流 獎學制度 清寒濟助	文化活動 社會福祉 交通宣傳 PR雜誌
營利	促銷信函 產品說明 插花教學	創業紀念 商品特賣 附獎贈品

圖6-11　促銷、PR與event

第五節　促銷企劃

一、行銷活動的規劃

促銷活動（SP）可以用3W+1H來闡述其規劃的內容。

(一)SP規劃的基本前提

1.行銷策略與活動是否賺錢：其重要性不需再做說明。
2.SP的工具特性：例如餐廳的美食節活動發現舉辦抽獎活動，
   消費者的興趣較大，故通常會選擇相關活動的國家飛機票為
   最大獎來吸引客人。相同的促銷工具在不同的行業、不同的
   時期，可能表現不同的特性，也許就是行銷人員的挑戰之
   一。
3.相關法規：行銷人員也需注意國家公平交易委員會對SP的規
   範，例如規定贈品的價格不得超過商品價格的二分之一，及
   最大獎不能超過每月最低基本工資的一百二十倍。
4.行銷研究資料：研究消費者與競爭者的促銷活動之行程及結
   果，有助於對餐廳的促銷活動做出較好的建議。

(二)3W+1H

1.Why：決定SP的目標──目標客層、銷售數量目標、知覺目
   標、銷售人員配銷的目標。 例如日本美食節，針對一般消費

者，預計每日銷售四百客的自助餐，提升餐廳在顧客心目中的國際美食形象，每一位服務人員期望銷售數字是每日二十客。

2.Who：決定SP的對象——舉辦美食節的餐廳、消費者、銷售人員（包括現場的服務人員）。飯店的美食節活動通常參與的餐廳不只一個，例如西洋情人節，為了把握節日客滿的情況，餐廳皆可利用此一機會參加促銷來增加營業額。現在的情人節目標消費客層，除了情人之外，還有家庭慶祝、友人慶祝等，故各種型態的餐廳均可加入促銷。銷售人員除了被分配「配銷」的業務之外，事實上餐廳的服務人員也是很好的銷售人員，在情人節未到之前，可向來餐廳用餐的客人介紹及促銷，情人節當天，如現場有販賣鮮花或巧克力，服務人員即是非常好的銷售人員。

3.How：決定SP方案——SP的工具及詳細內容。以美食節的「贈品」為例，什麼贈品適合搭配此活動來贈送？幾種贈品？消費滿多少錢才有贈品？贈品是活動當天領取或再郵寄？另外SP活動的宣導方式為何？

4.When：決定SP期間——SP開始及結束的日期及時間，廣告的排期或時段。

二、促銷企劃考量

作促銷企劃之前，需先考慮以下要點：

1.集中消費者的注意力，促銷的主題要明顯。例如中秋節的月

餅，口味及價格如何吸引消費者。

2.採用最適當的促銷方法，考慮目標客層的喜好。

3.促銷的對象需明確。例如西餐廳的情人節餐飲促銷對象是情人，需考慮原餐飲客層是中年人還是年輕人，如果是中年人較注重氣氛，菜色的裝飾及禮品的含蓄，所以適合套餐。另外年輕客層食量較大，適合採用自助餐，可穿插一些有趣的活動，例如「最佳情人獎」、「接吻比賽」與「世紀X情人」，以增加用餐的氣氛。

4.瞭解廣告與促銷的相反及互補作用。

5.評估及瞭解各種促銷方法的最大效應。例如七夕情人節如搭配喜宴共同促銷，得到的效應將意想不到。

6.達成促銷的目標。從事前的企劃、執行的辛苦到事後的檢討，均需要共同的參與與各單位的配合，將達成預期的目標。

7.評估促銷活動的成本。第7章中有許多的範例可供參考。

8.促銷活動必須配合企業的形象。試想名車與五星級大飯店——BMW與台北晶華酒店。

　　雖然促銷活動可以增加產品的營業額，但是失敗的促銷活動也時有所聞，造成不好的反效果。所以在作促銷活動的企劃之前，必須先瞭解自己的促銷目標，以及採用最適的促銷方法（如**表6-6**），再決定促銷企劃的內容。

表6-6 促銷方法與促銷目標的相互配合

促銷方法＼促銷目標	1.介紹新產品	2.開發舊產品的市場	3.鼓勵試用	4.使試用者成為愛用者	5.鼓勵購買大包裝	6.鼓勵購買大量	7.維持愛用者	8.引起購買的衝動	9.鼓勵再次購買	10.鼓勵零售商增加陳列	11.加強品牌印象	12.加強廣告的閱讀率
1.折價券		◎	◎			◎		◎				
2.特價		◎		◎	◎	◎		◎		◎		
3.禮券				◎			◎					
4.贈品		◎				◎		◎				◎
5.抽獎		◎						◎				◎
6.猜謎							◎	◎	◎			
7.繼續購買							◎		◎			
8.比賽								◎	◎		◎	◎
9.加值包	◎		◎							◎		
10.試用品／樣品	◎		◎									
11.招待券				◎			◎	◎			◎	
12.退款券			◎					◎				

第六節　內部促銷

一、內部促銷的對象

內部促銷（internal promotion）是常被忽略的，一般企業或餐廳旅館較注重對外或在外部的促銷。餐飲內部促銷的對象有兩類：

1.餐廳及飯店內的顧客：雖然該顧客已在餐廳中消費，但其看到、聽到、感覺到的皆會影響到他們是否再來消費，或介紹其他的顧客來光顧。相關的部分有：

(1)人員的服務。

(2)菜單與海報。

(3)銷售技巧。

(4)「軟體」與「硬體」設備。

2.企業內部的員工：雖然有些餐廳及飯店規定自己的員工不可在工作的餐廳用餐，但內部員工的影響力其實是不可被忽視的。

(1)員工的消費能力應被重視，尤其是做餐飲的，常常需要四處品嘗，比較服務及菜色。

(2)員工的銷售能力：

・員工的親友：員工介紹的生意不一定是小數字，例如一場中型的喜宴（二十桌），營業額最少有20萬元

・員工的銷售：員工對產品的瞭解及其銷售技巧，皆需被專業訓練，內容在人員銷售的章節將被詳細討論

二、餐廳的內部促銷

餐廳的美食促銷也可以成為內部促銷，其方案請參閱表6-7所列。

1.應先確定促銷的對象為何？是潛在顧客、老顧客、喜宴或家庭客層。

2.促銷的內容？ 是喜宴、會議或飲料。

3.促銷的地點？中餐廳、西餐廳、宴會廳或酒吧。

4.促銷的時間？早上、中午、晚上或酒吧的宵夜。

5.促銷的方式？將在下一章節中討論。

表6-7 餐廳內部促銷的方式

	方案一	方案二
促銷名稱	喜宴專案	謝師宴
促銷的對象	・已訂婚者 ・情侶	・將畢業的學生 ・各校學生代表 ・學校老師
促銷的內容	・喜宴專案	謝師餐會（通常為自助餐）包括場地、舞台、麥克風及卡拉OK等設備
促銷的地點	・情人節餐會 ・訂宴處	
促銷的時間	整年（除了農曆七月較差之外）	
促銷的技巧	・可用專案含酒水的餐價 ・可搭配其他的周邊產品，如喜餅及婚紗禮服公司 ・從頭包到尾的喜事服務，例如「喜事諮詢手冊」 ・做未來新人的喜宴專屬顧問	
促銷媒介	・海報 ・電梯中的彩色照片 ・喜宴菜單 ・喜事諮詢手冊 ・廣告 ・喜宴周邊產品 ・與周邊產品聯合促銷	

─第七章─
餐飲促銷企劃

第一節　年度促銷行程

　　此年度企劃案的預估是在編列明年度餐廳預算前必須完成的，通常在每年的九月份開始編列預算，餐廳經理應該評估自己的內外場能力與競爭者分析後，排出企劃案的預定表，如此在作財務預算時才會更準確。

　　飯店通常在每年的九月就要提出來年的預算（包括預估的收入及費用），餐飲部的主管會要求各餐廳先提出來年每月的促銷活動預定表（各式餐廳的促銷活動行程表請參閱**表7-1**、**表7-2**），再參考前年及今年的營業額，以預估來年該月份可能達成的營業額，可在餐飲的淡季（low season）舉辦適宜的促銷活動來吸引消費者，增加營業額。例如喜宴的淡季（六至八月份）可促銷謝師宴及會議專案，依季節變化提供顧客喜愛的餐食——夏天的冰品及冬天的火鍋。通常餐廳每年的預估營業額都是增加，只是增加的百分比會因市場的景氣、老闆的希望、經理們的努力而有所不同，所以促銷活動的排期如果安排良好，可以在每個月份發揮吸引不同顧客的力量，使餐廳的營業額達到預期的數字。

　　餐廳企劃案的執行人，通常是餐廳經理或餐飲部的企劃專員，一個企劃案為了後續作業的順暢，通常在三至四個月前即須開始前製作業，先找妥協辦的廠商、促銷合作的內容談妥、客座主廚的接洽等，其他的事務可再陸續定案，否則企劃案的失敗不是不可能的。企劃案的會議由企劃的執行人召開，參與會議的相關人員有餐飲部人員、餐廳內外場的主管、業務及公關部、財務部、設計美

表7-1　休閒飯店年度促銷計畫

月份\類型		1月	2月	3月	4月	5月	6月	7月	8月	9月	10月	11月	12月
促銷企劃	餐飲	巧克力世界	情人特餐	花茶宴	沙拉吧	下午茶	池畔BBQ	沙灘宴		生蠔宴	龍蝦特餐	感恩節火雞	耶誕大餐
	搭配客房	元旦假期	情人假期	國人特惠	全家福假期	髮銀族假期	夏日假期	會議假期	七夕情人節	高爾夫假期	國慶假期		耶誕舞會
	特色												

表7-2　市區飯店

月份\類型		1月	2月	3月	4月	5月	6月	7月	8月	9月	10月	11月	12月
促銷企劃	餐飲	海鮮火鍋	草莓季	日本美食節	會議組合促銷	母親節	婚宴促銷	美國美食節	父親節特餐	中秋月餅	婚宴特惠	法國新酒	尾牙宴會促銷
	搭配客房				會議專案		蜜月套房				蜜月套房		
	特色		春酒促銷	櫻花祭		謝師宴		慶祝美國國慶			千禧新娘專案		耶誕舞會

工部、飲務部等。如企劃案與飯店的客房相結合，櫃檯部的主管也需要參與企劃案的會議。

一、客房促銷計畫

客房促銷計畫的主旨是針對廣大之來台中住宿客層，設計多款專案（package）以促銷之。 可依不同季節或商業時機，選擇單方案推廣或多方案同時推廣。

(一)方案1：雙人逍遙行

1.內容：

房間型態	一般樓層
標準單人房	3,570NET（$1,785/person）
標準雙人房	3,900NET（$1,950/person）
豪華套房	5,060NET（$2,530/person）
精緻豪華套房	5,540NET（$2,770/person）

*加人頭不加價，加床費用$600元

*如欲選擇商務樓層，每日另加收$400元

*含兩客自助早餐&外帶小蛋糕

*免費使用游泳池、健身房、提供旅遊指南一份

*附三溫暖折價券（八折）、迎賓水果盤、每日日報一份

2.成本預估：

房價　　　　　　　　$2,500 ×1.1　　=2,750（不另加$300）

兩客自助早餐　　　 $　300 ×1.1×2= 660

外帶小蛋糕任選兩款　$　 80 ×2　　 = 160
_____

　　　　　　　　　　　　　　　　$3,320

(二)方案2：高爾夫球住房專案──球隊專用

1.內容：

房間型態	一般樓層	
	住兩人	住一人
標準單床房	2,730	4,270
標準雙床房	2,895	4,270

*加一人加價$300元，加床費用$600元

*如欲選擇商務樓層，每日另加收NT$400元

*含飯店至球場接送

*免費使用游泳池、健身房，提供中部旅遊指南一份

*附三溫暖折價券（八折）、迎賓水果盤、每日日報一份

2.成本預估：

	(double occupancy)	(single)
房價 $（2,500+300）×1.1=3,080÷2=1,540		3,080
三明治早餐盒外帶	190	190
來回接送費用	1,000（預估）	1,000
每人花費	2,730	4,270

（三）方案3：長期住房優惠案

1.內容：

(1)連續住房十天以上，一般樓層房價六五折、商務樓層房價六折。

(2)連續住房十五天以上，一般樓層房價六折、商務樓層房價五五折。

2.試算售價：

房間型態	一般樓層（房價）		商務樓層（房價）	
	十天	十五天	十天	十五天
標準單床房	2,795+430	2,580+430	2,820+470	2,585+470
標準雙床房	3,185+490	2,940+490	3,180+530	2,915+530
豪華單床房	3,445+530	3,180+530	3,420+570	3,135+570
精緻雙床房	3,835+590	3,540+ 590	3,780+630	3,465+630
豪華套房			6,000+1,000	5,500+1,000
總統套房			18,000+3,000	16,500+3,000

*試算方式範例：$2,795+430為原價$4,300元的六五折再加原
 價的10%服務費
*水果盤每四天換一次
*免費燙衣服務 一次
*工商中心服務八折
*購買價值$1,000元餐飲優惠券，單張不限當天使用
*加人頭加$300元，免費使用游泳池、健身房
*附三溫暖折價券（八折）、迎賓水果盤、每日日報一份

二、餐飲促銷計畫

餐飲促銷計畫請參考表7-3至表7-5。

連鎖咖啡館在台灣已發燒流行一段時間，由單一商品——咖
啡，擴展到搭配的商品，例如餅乾、糕點、三明治，還有咖啡的變
身，如強調義式口味的拿鐵（Late或那堤，指咖啡加牛奶）、卡布
奇諾（Cappuccino，指濃縮咖啡加牛奶泡沫），夏日的新寵——法
布奇諾（Fappuccino）或冰砂。各家咖啡店除本土風味或代理進口

表7-3　日本料理餐廳──年度美食行程表

月份	促銷名稱	活動期間	促銷內容
1月	睦月懷石 （春節）	12月29日 -1月5日	・於活動期間點用睦月春節懷石料理者，即贈紅豆湯圓及年糕一份
2月	如月懷石 （情人節）	2月8日 -2月14日	・於活動期間點用如月情人節懷石料理，贈玫瑰花一朵及白酒一杯 ・情人用餐再加4,999元即可享飯店住宿一晚及免費早餐
3月	彌生懷石 （兒童節）	3月8日 -3月15日	・於活動期間點用彌生兒童節懷石料理，2～12歲的小朋友完全免費，並贈送精美玩具乙份
4月	卯月懷石 （櫻花祭）	4月1日 -4月10日	・於活動期間點用卯月櫻花祭懷石料理者，可參加東京←→台北來回機票大抽獎，一人中獎、兩人同遊
5月	皋月懷石 （母親節）	5月1日 -5月9日	・於活動期間點用皋月母親節懷石料理者，媽媽費用全免，並贈康乃馨一朵，精緻小禮一份
6月	水無月懷石 （謝師宴）	6月15日 -6月21日	・於活動期間點用水無月謝師宴懷石料理者，五十人以上訂席，可享三位老師免費。一百人以上訂席，可享免費雞尾酒一缸（三十五人份）
7月	文月 （美味生魚片）	7月5日 -7月11日	・精選鯛魚、鮪魚、鮭魚等多種新鮮魚類 ・並有夏日良品──日式涼麵可供單點選擇
8月	葉月懷石 （父親節）	8月1日 -8月8日	・於活動期間點用葉月父親節懷石料理者，爸爸費用全免，並贈精美領帶夾一只
9月	長月懷石 （中秋節）	9月22日 -9月30日	・於活動期間點用長月中秋節懷石料理者，免費贈送中秋小月餅乙個，及月餅折價券100元
10月	神無月 （週年慶）	10月14日 -10月24日	・桃山週年慶特賣，單點、套餐一律八五折優待
11月	霜月懷石 （生蠔季）	11月8日 -11月14日	・以特選上等鮮蠔為主的各式單點、套餐，限時供應
12月	師走懷石 （聖誕節）	12月20日 -12月26日	・以日式精緻傳統美食做為聖誕大餐的主角，提供顧客一個不一樣的聖誕大餐

表7-4　酒吧年度促銷計畫行程表

月份	促銷名稱	促銷內容
1月	BMW新車發表會	·BMW新車發表會，會於飯店中庭展示1999年新款跑車，凡在本月用餐者，可獲摸彩券一張，有機會贏得百萬名車
2月	西洋情人節	·凡蒞臨消費者，女士均可獲贈長莖紅玫瑰一朵，消費滿1,000元以上者，再贈送玫瑰紅酒一杯及現場儷人合照一張。點任何利達民葡萄酒一瓶即可參加與成龍共進晚餐的香港四天三夜遊抽獎活動
3月	法蘭西酒頌	·評酒師於促銷時間每晚8點至10點於酒吧請您品嘗特選的精緻釀製葡萄酒，另有供應該酒莊所產之紅酒、白酒 ·點任何法國葡萄酒一瓶即可贈送進口葡萄酒專業開瓶器
4月	婦幼節&復活節	·於該節日消費招牌飲料（Fruit Punch）原價每杯180元，凡媽媽及兒童消費使用即打九折，並贈送兒童巧克力復活節彩蛋一顆
5月	雞尾酒促銷活動	·炎炎夏日「快樂時光」消費熱情涼飲（Tropical Drink及Cocktail等）即買一送一每杯280元（供應時間7：00PM至01：00AM）
6月	冰品促銷活動	·冰沙為炎炎夏日揭開清涼序幕，由美國進口之冰沙，調製各式不同口味之糖漿提供味覺的甜蜜快感，促銷期間九折優待 ·當季新鮮水果現榨果汁一杯只要180元
7月	歐洲月—— 丹麥美食節	·採選丹麥精選大吉嶺或錫蘭紅茶，搭配精緻丹麥西點，度過悠閒午茶時光，於美食節期間點用者，均有機會贏得由長榮航空公司提供之台北至丹麥來回機票一張
8月	浪漫七夕—— 花前對酌	·推出高級Champagne Set每份1,800元（兩人適用），採選法國Taittinger香檳搭配加拿大進口生蠔
9月	中秋節	·販賣月餅的通路之一。由點心房主廚精緻的港式月餅，可有杏桃、蓮蓉、綠茶、豆沙、龍眼等口味，買十盒送一盒，買五十盒以上有專人送府，凡訂購者可免費獲贈下午茶券一張
10月	水果花茶	·寒冬熱飲，應時水果加上風味茶葉，泡製出季節水果茶，融合天然及健康原素，為您帶來一絲絲的溫暖 ·點任何冬季熱飲三杯即可參加暖爐贈送抽獎活動
11月	薄酒萊新酒	·在發表會上，邀請法國在台協會來主持開酒儀式 （每年11月的第三個星期四為薄酒萊新酒發表會）
	聖誕節	·擺放聖誕樹，佈置聖誕氣氛，紅綠色聖誕飲料

表7-5　酒類飲料促銷計畫比較表

促銷名稱	內容
1.香檳王‧路易威登酒袋	香檳王「Dom Perignon」與法國時尚名牌Louis Vuitton共同推出「香檳王‧路易威登酒袋」紀念禮盒，全球僅限量1,000只
2.卡魯哇──猛浪週末夜	Kahlua咖啡香甜酒於夏日七月份開始針對disco、pub及MTV電視台聯合舉辦派對活動。自七月份起在台北八家disco、pub舉行派對活動，還有好玩的遊戲及驚喜的贈品
3.百威啤酒的魔術秀	百威啤酒與其他啤酒廠商一樣，在清涼夏日密集打出行銷計畫。此次採用娛樂活動的行銷手法，邀請魔術師「博神羅賓」和「中堅分子」，在全省的目標客層海產店及pub舉行魔術表演及歌手的演唱會

咖啡，連鎖體系經營已成為一股風氣，除了強調口味的特殊外，為了讓來點用的客人可以立即決定，通常在點餐檯面擺上促銷搭配的組合（combination），不同口味的咖啡加上甜點通常會比單獨點用便宜十幾元，銷售的效果都十分良好。　另外咖啡館因節慶常舉辦的活動如**表7-6**所示。

表7-6　咖啡館年度促銷計畫

月份	促銷日期	搭配節慶	活動內容
1月	1/1-1/7	新年元旦	・慶祝跨年當天二十四小時營業及那堤咖啡特價60元
2月	2/10-2/17	西洋情人節	・情人套餐特價250元 ・咖啡下午茶
3月	3/21-3/28	開幕週年慶	・咖啡館紀念杯特價150元 ・早餐套餐促銷：咖啡加上主題三明治
4月	4/11-4/18	秘書週	・教導居家咖啡的秘方；咖啡豆優惠250元 ・咖啡手冊大放送
5月	5/5-5/10	母親節	・專案禮盒咖啡杯加咖啡豆特價500元 ・咖啡口味母親節蛋糕
6月	6/6-6/20	清涼產品	・主打香醇冷飲法布奇諾，有咖啡、摩卡（加可可醬）、濃縮等三種口味
7月	7/1-7/10	美國國慶日	・由國外知名畫家親自手繪，買手繪杯送手繪杯墊一個
8月	8/10-8/17	中國情人節	・情人咖啡杯加60元送櫻桃巧克力 ・促銷情人星座咖啡
9月	9/25-9/28	教師節	・90元咖啡加35元糕點
10月	10/5-10/12	中國國慶日	・慶祝僑胞回台，購買產品滿300元即可免費送咖啡一杯
11月	11/5-11/10	糕點產品	・推出新口味南瓜夾心派
12月	12/24-12/25	聖誕節	・慶祝耶誕節與顧客同歡營業二十四小時不打烊

第二節　餐飲促銷企劃案範例

一、單一餐飲促銷企劃案

(一)中西節慶篇

　　在決定年度促銷活動的行程後，就可以依序地在每個活動的前三個月著手開始準備各項事宜。從決定促銷的餐式、菜單、搭配的飲品、贊助或合作的廠商、節目的安排，無論是紙上作業、人員的溝通、服務的訓練，均需萬全的準備，企業活動的人員常常會犯一個錯誤，事前的準備非常充分，但是餐飲促銷活動執行時，服務的人員不瞭解促銷的內容，無法完整的促銷或回應客人的各項要求，使活動的第一天通常會看到內外場忙得不可開交、客人的抱怨無法解決等狀況發生。

　　企劃人員如果想要將活動辦得盡善盡美，一定要把活動的細節詳加闡述，並給予餐廳經理人時間來傳達並訓練員工來做特殊促銷的服務。真正的前線即餐廳的服務人員，他（她）們必須對活動的內容十分瞭解，促銷的菜餚最好也事先品嘗過，才知如何介紹與搭配。

企劃練習7-1——春節團圓飯

1.活動建議：

(1)以中式為主。

(2)消費大眾一起過節，口味應多元化。

(3)菜單簡單化。因為人手有限，部分服務人員甚至是別的餐廳過來支援的。

(4)為增加營業額，可考慮只賣高單價的套餐（如每位2,000-3,000元）。

(5)圍爐菜的吉祥菜名。

(6)春節團圓飯的廣告訴求——年節不打烊。

(7)促銷方式：除上廣告及報紙的消息稿外，針對飯店的用餐客層及老顧客寄發「預購單」（如圖7-1）。

2.活動比較：

活動內容	菜色	預定／外送的服務	餐價（NT$）
1.年菜——桌菜套餐	廣式、江浙、台式桌菜或套餐	需先預定	10,000-20,000/桌 2,000-3,000/位
2.年菜外帶	港式年糕	需先預定 促銷方式： 1.有買十盒送一盒 2.九折	480-888
	發糕		50/個
	臘味蘿蔔糕		480-888
	馬蹄糕		50/個
	醉雞		999/隻
	杭州醬鴨		999/隻
	佛跳牆		1,999/大盅
	發財豆		388/盒
3.禮籃或禮盒	熟製品：肝腸、臘腸		888/盒
	魚翅乾貨、鮑魚罐頭		1,888/盒
	鵝肝醬罐頭、葡萄酒		2,888/盒

活動內容	菜色	預定／外送的服務	餐價（NT$）
4.與客房部分的配合	國人優惠專案——持中華民國國民身分證，即享有七五折的優待		原價七五折優待
我的餐廳春節營業企劃			

圖7-1　預購單的內容與格式

資料來源：亞都麗緻大飯店

企劃練習7-2──西洋情人節

1.活動建議：

    (1)以西式為主流情人餐，近來中式有增加的趨勢。

    (2)口味應多元化。

    (3)比餐點、比氣氛、比節目、比贈品。

    (4)情人餐的美名：浪漫相約、愛的鐵達尼、親密愛人。

    (5)促銷方式：上廣告及報紙的消息稿。

2.活動比較：

活動內容	菜色	節目	贈品	餐價NT$
1.燭光晚餐	·以西式套餐為主 ·中式套餐或合菜 　──家庭聚會	·音樂演奏 ·表演秀── 　婚紗 ·舞會 ·抽獎活動	·鮮花 ── 　玫瑰 ·巧克力 ·蛋糕 ·香檳 ·香水 ·立可拍照片	2,000-5,000 /一對情人
2.用餐加上 　住宿的促 　銷package				
3.我的情人節 　營業企劃				

企劃練習7-3——大閘蟹美食Crab Feast（Crab Festival）

1. 活動資料：

   (1) 秋高氣爽，蟹肥膏美，以粵菜、江浙菜最時興。台菜吃法——白切、整隻蒸好再切塊。

   (2) 九團（母）十尖（公），九月吃卵前的母蟹（吃油膏即蟹蛋），十月吃公蟹（北風起，氣候已轉涼）。

   (3) 來源：產量不多，一年僅一次，活動舉辦月份九月至十月。有上海陽澄湖大閘蟹及太平洋的平價黃金蟹、青蟹、花蟹、軟蟹。價格昂貴的原因，因其生長緩慢（一年重六兩），需水質好及水溫保持20度的環境。

   (4) 選蟹的方法：殼呈深綠色，蟹腹顏色雪白，腿爪圓短且粗壯有力。在手中沉沉有重量，眼睛流轉有精神。至於看眼睛有無轉動，即知是生的或死的。

   (5) 如何保存：不超過一星期，冷藏保存以沾水濕毛巾覆蓋。

   (6) 蟹品重量：標準每隻六兩。

   (7) 調理：以牙刷刷蟹身之毛，中火隔水蒸且背面朝上放，蟹背放三、四片紫蘇葉一起蒸二十分鐘。

2. 活動建議：

   (1) 標榜每日新鮮空運送達，標題為「正宗陽澄湖大閘蟹」。

   (2) 搭配的醬料：鎮江黑醋＋薑末＋糖＋醬油膏或紹興酒＋飯酒。

   (3) 服務方式：提供蟹剪、蟹夾。掀開蟹殼以蟹剪除去肺內臟不可食部分，再剪去蟹螯、一支支排列呈整隻原狀。因為寒性海鮮，不宜多吃，建議女士每次食用一至二隻，男生最多每餐不超過五隻。

(4)飲料搭配：薑茶或醇烈酒，如紹興酒、白葡萄酒、花雕，不適合搭配啤酒。其作用為暖胃、去口中餘腥。

內容	餐價$	預定／外送	菜色	餐廳／飯店
清蒸大閘蟹	一隻 1,200- 1,600元		・粵式：整隻清蒸保持原味甘美，蒸八至十分鐘 ・蘇式：水煮十五分鐘，肉質水嫩	港台各大餐廳、飯店
江浙料理			・蟹黃拌麵	亞都／天香樓
廣式： 清蒸、薑蔥、奶油焗、沙茶煲			・蟹肉小籠包	
蝦蟹大餐			・澳州明蝦——烤、扒、煎、燴、焗、煮	
啤酒蒸大閘蟹				啤酒屋
你的餐廳的作法				

專欄 7-1　大閘蟹的服務・・・・・・・・・・・・・・・・・・・・・・・・・・・・・・・・

1.大閘蟹的「三不吃」：

(1)除去蟹身兩邊有白色似扇狀的蟹腮。

(2)蟹身前端底部，卹嘴的污染部分須去除。

(3)蟹腸及蟹心不可吃，因蟹心性寒涼。

2.服務大閘蟹的六步驟：

(1)用剪刀剪去不可食的部位。

(2)用剪刀先把蟹爪剪掉，排在服務盤上。

(3)整理蟹殼放於盤中央。

(4)準備食用的餐具——筷子、蟹鉗夾、蟹籤、洗手盅（置
　菊花瓣）

(5)準備醬料：醋。可帶出鮮味及幫助消化，增強食欲。

(6)準備驅寒的薑茶，幫助消化及增強抵抗力。

3.吃大閘蟹的五步驟：

(1)用蟹全把腿肉夾碎並挑出肉。

(2)從頭頂把蟹蓋翻起。

(3)用小湯匙食用蟹蓋上的膏黃。

(4)把全身剝成兩半，膏黃將自然溢出。

(5)吃蟹鉗，用蟹鉗夾用力夾開。

範例7-1──西洋情人節

一、活動主題： 西洋情人節促銷案。

二、活動日期、時間、地點、型態、售價：

地點	宴會廳	法式餐廳	自助餐廳	糕點外賣區
日期／時間	2/14 18:00-22:00	2/14 18:00-21:30	2/14 18:00-21:30	2/10-2/14 10:00-22:00
活動型態	比翼雙人饗宴套餐／節目／舞會	浪漫情人套餐法式套餐／音樂演奏	親密自助晚餐自助餐／抽獎活動	蛋糕／巧克力外賣禮籃外賣
售價 (NT$)	5,000net/每對	1,500元+10%	650元+10%	600元／6吋 800元／8吋
售票預定	預售票2/5起	預訂	預訂	預訂或現購

三、菜單內容：菜色以酸甜入味，需美化菜名。

- 熱情燻鮭魚
- 牛尾清湯
- 義式松仁沙拉
- 爽口雪碧
- 甜酒薑汁蒸龍蝦
- 蘋果優格
- 咖啡或紅茶
- 法式小點

四、協辦廠商：

1.婚紗禮服公司：討論搭配的產品，贊助或提供折扣。

2.真珠公司：現場展示。

3.氣球公司：現場佈置。

五、配合部門及單位：

1.財務部：各項成本控制，新菜品的電腦作業代號。

2.餐飲部：活動策劃、現場控制、聯絡協辦廠商、簡單菜單的製作。

3.訂席組：宴會廳場地的編排座位、分區、劃位、售票。

4.工程部：相關設備及器材（追蹤燈、投影機、螢幕及音響）、舞台佈景部分。

5.美工設計部：舞台及現場設計與佈置、海報製作及餐券製作。

6.公關部：廣告文案撰寫、海報及餐券文案、接洽廣告媒體排期。

7.文宣方式：海報、報紙消息稿、餐廳雜誌。

六、收支與成本預估：

項目	數量	售價(NT$)	成本	成本%
餐飲部分：				
・食物	150	2,000	120,000	40%成本
・飲料	150	50	7,500	成本價
場租部分：				
・場租四小時	1	1,200	1,200	
人力：				
・內場（全職）	10	1,500	15,000	
・外場（全職）	9	1,000	9,000	
・外場（兼職）	15	800	8,000	
節目：				
・燈光、音響	1套	10,000	15,000	
・小提琴組	1組	15,000	10,000	
・協辦廠商——婚紗	1	0	0	
・模特兒	5名	24,000	24,000	
・協辦廠商——珠寶	1	0	0	
佈置：				
・桌花、特製菜單		150	11,250	
・現場氣球佈置		0		
印刷物品：				
・餐券設計費	1	4,050	4,050	
・餐券印刷費	80	25	2,000	
・布幕	1	2,400	2,400	
・海報	2	1,500	3,000	
廣告：				餐飲當地
・雜誌廣告		15,000	15,000	雜誌
總成本			247,400	
總收入	75	4,500	337,500	
淨收入			90,100	26.7%

七、節目流程：

15:30	完成現場佈置、燈光音響設備	20:00	婚紗秀開始
16:00-17:00	節目排演	20:30	服務咖啡小點
17:00	服務人員用餐	20:45	舞會開始
17:45	服務人員到場	21:00	用餐結束
18:00	開放現場、協辦廠商作業	21:40	娛樂節目——情人接吻比賽
18:30	音響開始、客人入場	21:50	慢舞——灑氣球
18:35	出菜節目	22:00	晚會結束
19:00	出菜		

範例7-2——婦幼節

一、活動主題：婦幼節

二、活動日期、時間、地點、型態、售價：

地點	宴會廳	自助餐廳	糕點外賣區
日期／時間	3/8 18:00-22:00	3/8 12:00-14:30 18:00-21:30	3/1-3/15 10:00-22:00
活動型態	自助晚餐／玩偶劇團表演節目	親子自助晚餐自助餐／玩偶劇團表演	迪士尼玩偶造型蛋糕／巧克力外賣
售價(NT$)	1,200+10%／大人 980+10%／小孩	1,200+10%／大人 980+10%／小孩	600/6吋 800/8吋
售票預定	預售票3/1起	預訂	預訂或現購

三、菜單內容：菜色以酸甜入味，需美化菜名。

四、協辦廠商：

　　1.玩偶公司：討論搭配的產品，贊助或提供折扣。

　　2.玩偶劇團：表演費用、玩具贈送。

3.氣球公司：佈置及大型造型氣球折扣。

五、配合部門及單位：

1.財務部：各項成本控制，新菜品的電腦作業代號。

2.餐飲部：活動策劃、現場控制、聯絡協辦廠商、簡單菜單的製作。

3.訂席組：宴會廳場地的編排座位、分區、劃位、售票。

4.工程部：相關設備及器材（追蹤燈、投影機、螢幕及音響）舞台佈景部分。

5.美工設計部：舞台及現場設計與佈置、海報製作及餐券製作。

6.公關部：廣告文案撰寫、海報及餐券文案、接洽廣告媒體排期。

7.文宣方式：海報、報紙消息稿、餐廳雜誌。

六、收支與成本預估：

項目	數量	售價(NT$)	成本	成本%
餐飲部分：	500小孩	1,200		
・食物	250大人	980	120,000	40%成本
・飲料（柳丁汁）	750	180	7,500	成本價
場租部分：				
・場租四小時	1	14,000	1,200	
人力：				
・內場（全職）	10	1,500	15,000	
・外場（全職）	9	1,000	9,000	
・外場（兼職）	15	800	8,000	
節目：				
・燈光、音響	1套	10,000	15,000	
・小提琴組	1組	15,000	10,000	
・協辦廠商——婚紗	1	0	0	

項目	數量	售價(NT$)	成本	成本%
‧模特兒	5名	24,000	24,000	
‧協辦廠商──珠寶	1	0	0	
佈置：				
‧桌花、特製菜單		150	11,250	
‧現場氣球佈置		0		
印刷物品：				
‧餐券設計費	1	4,050	4,050	
‧餐券印刷費	80	25	2,000	
‧布幕	1	2,400	2,400	
‧海報	2	1,500	3,000	
廣告：				餐飲當地
‧雜誌廣告		15,000	15,000	雜誌
總成本			247,400	
總收入	75	4,500	337,500	
淨收入			90,100	26.7%

七、節目流程：

15:30	完成現場佈置、燈光音響設備	20:00	玩偶劇團表演開始
17:00	服務人員用餐	20:30	服務小點
17:45	服務人員到場	21:00	用餐結束
18:00	大型電視卡通開始、客人入場		
18:30	出菜		

(二)各國美食節篇──單一餐飲促銷企劃案

各國美食及地區的美食在國內餐廳的促銷活動中，占有非常重要的分量。因為國人出國旅遊日增，及對各國美食有極大的好奇及接受度，從近來法國三星主廚多次來台造成轟動的狀況，消費者甚至已到達要求極高的地步。以下為國內各大餐廳曾經舉辦過的美食活動種類及名稱，提供給有興趣的餐廳參考之。

1.亞洲：常被舉辦美食的國家有

　(1)日本。

　(2)泰國。

　(3)新加坡。

　(4)韓國。

2.美洲：

　(1)美國加州美食節。

　(2)美國肯瓊及墨西哥式美食。

　(3)美國夏威夷，搭配當地的草裙舞，非常有特色。

　(4)中美洲國家。

3.歐洲：歐洲各國依文化發展出不同的飲食習慣，最常被國內
　餐廳採用的美食活動來自

　(1)德國。

　(2)西班牙。

　(3)法國——又依各區發展出特殊的地方料理。

　(4)義大利。

　(5)瑞士。

4.澳洲。

5.中國：中式的美食節較少舉辦，表示仍然具有發揮的空間。
　以下為曾舉辦的美食活動：

　(1)蒙古美食節。

　(2)紅樓夢。

　(3)澎湖海鮮。

　(4)潮州美食節。

　(5)藥膳美食節：可運用在許多中式菜系上，最常用的由廣東

菜、江浙菜及台菜。

┌─ **範例7-3──日本美食節** ─┐

一、活動主題：河豚美食節

二、活動日期：88/11/5～88/11/9

三、活動型態／售價：河豚套餐／$4,000+10%

四、菜色內容：河豚套餐

前菜

（利用河豚皮來調味的小菜）

河豚刺身

（生魚片）

河豚唐揚

（炸河豚骨，將河豚骨油炸到酥脆）

河豚火鍋

（將昆布放入清水中煮滾入味，再搭配蔬菜如豆腐、白菜等，加

上河豚肉片川燙）

雜水

（利用火鍋剩餘的湯頭煮粥，可加入蛋、海苔絲、蔥花，亦可用

鹽及胡椒調味）

果物

（抹茶凍、水果）

套餐每份NT $4,000+10%

五、贊助廠商：酒商Asahi公司（隨套餐附贈Asahi 600ml乙罐）

六、配合單位及部門：

1.財務部：設立「河豚套餐」的結帳電腦代號。

2.工程部：於美食節活動開始當天裝設燈光等相關設備。

3.公關部：接洽媒體廣告、各式海報文案內容。

4.美工部：負責海報、DM及現場佈置之設計。

5.餐飲部辦公室：活動策劃、聯絡贊助廠商及製作套餐菜單。

七、活動特色：由於河豚是由日本空運來台，且須一星期前訂貨，所以套餐僅限量發售一百套，顧客須於二星期前訂位，並付總金額之30%為訂金。

八、收支與成本預估：

項目	數量	售價	成本（NT$）	成本%
餐飲：	100	4,000	220,000	55%成本（包含由日本空運來台的食材運費）
飲料	100	40	4,000	（成本價）
裝飾： 桌花&設計	25	150	3,750	
印刷物品： 海報	2	1,500	3,000	
廣告： 廣告	1	8,000	8,000	
總支出		238,750	59.7%	
總收入	100	4,000	400,000	100.0%
淨收入			161,250	40.3%

範例7-4——日本料理

一、活動名稱：懷石料理美食饗宴。

二、活動時間：89年1月1日至1月3日。

三、活動地點：台東飯店日本料理廳。

四、活動內容：

1. 邀請日本藝妓現場表演。

2. 現場佈置日本風土新年新氣象並用圖片張貼在明顯處，介紹日本當地過年的情景。

3. 專聘日本主廚做此活動。

4. 價格：每人消費 2,700+10%。

5. 服務方式：以專業的日式服務技術服務。

6. 供應方式：以新年懷石套餐為主。

五、菜色內容：

前菜—— 開胃前菜

Assorted Appetizers

吸物—— 開胃清湯

Clear Soup

刺身—— 生鮮綜合生魚片

Assorted Sashimi

肉料理—— 松阪牛石燒

Matsuzaka Beef Broiled on Hot Stone

煮物—— 季節白菜卷

Broiled Vegetables

燒物—— 香魚味噌燒

Broiled Ayu Fish With Miso

```
┌─────────────────────────────────────────────┐
│        食事 ── 日式壽司 味噌湯                  │
│            Japanese Sushi                     │
│        甜點 ── 日式甜點                         │
│          Japanese Rice Cake                   │
│                                               │
│     每份$2,700+10%服務費,並贈清酒一瓶          │
└─────────────────────────────────────────────┘
```

六、文宣方式:

　　1.DM。

　　2.Poster。

　　3.飯店News Letter。

七、收支預估:

項目	成本(NT$)
餐飲:	
・食物	1,458,000
・飲料(櫻花茶Sakura Tea)	17,550
人力:	126,000
節目:	
・花島主廚支援	265,080
・日本藝妓兩位	
佈置:	
・現場佈置(入口造景、舞台、餐檯)	25,000
印製品:	
・照片製作	7,500
廣告:	
・DM	25,000
・海報	6,000
・報紙	50,000
其他:	
・日式小飾品	67,500
預估總支出	2,047,630
預估總收入	3,645,000
預估淨收入	1,597,370

收入預估：

日期	星期	午／晚餐	售價(NT$)	來客數	收入(NT$)
1/1	六	午	2,700	100	270,000
		晚	2,700	120	324,000
1/2	日	午	2,700	100	270,000
		晚	2,700	120	324,000
1/3	一	午	2,700	100	270,000
		晚	2,700	120	324,000
1/4	二	午	2,700	80	216,000
		晚	2,700	100	270,000
1/5	三	午	2,700	80	216,000
		晚	2,700	100	270,000
1/6	四	午	2,700	70	189,000
		晚	2,700	80	216,000
1/7	五	午	2,700	80	216,000
		晚	2,700	100	270,000
總收入					3,645,000
總人數				1,350	
平均單價			2,700		

八、節目流程：

9:30	完成大廳餐桌、舞台及入口佈置、燈光音響設備
9:45-10:30	日本藝妓舞蹈排演
10:30-11:00	全體工作人員用餐
11:10	全體人員就定位置stand by
11:30	現場播放音樂客人進場
11:45-12:10	恭請日本主廚恭賀大家並簡單介紹新年懷石菜色
12:15	開始用餐 服務——前菜
12:25	服務——吸物
12:35	服務——刺身
12:55	服務——肉料理
13:15	服務——煮物
13:30	服務——燒物

13:45	服務——食事
13:45-14:30	日本藝妓做傳統文化表演
14:00	服務——日式甜點
14:30	餐點供應結束
14:40	歡送客人並贈日式小飾品
	活動結束

範例7-5——義大利美食節

一、活動主題：新世紀享宴之威尼斯扮裝嘉年華。

二、活動日期、時間、地點、型態、售價：

活動地點	小西華／B1CARRARA地中海型義大利餐廳及宴會廳
日期／時間	公元2000年3月5日-15日晚間6點至深夜12點
活動型態	套餐／節目／音樂欣賞／舞會／扮裝活動
售價(NT$)	6,000／每人，十八歲以下須滿二十歲成人陪同入場，十二歲以下均不得入場
售票／訂位	預售票／2月1日（均需購餐券）

三、菜單內容：嘉年華套餐

~新世紀享宴~

鮮貝沙拉佐番茄及魚子醬

Warm Salad of Stuffed Grilled Sea Scallops With Crudaiola

Sauce and 'Caviar

牛肉紅酒清湯佐野菇餃

Beef and Marsala Consomme Garnish with Mushroom

Tortllini

新鮮龍蝦佐綜合海鮮盅

Fagottio of Fresh Spiny Lobster served on Bed of Mix

Seafood Ragout

```
巴拿馬火腿裹小牛肉佐鵝肝及黑松露醬
Veal tenderlion Wrapped in Pama Ham Topped with Goose
Liver and Black Truffle sauce
或（OR）
鮮嘉臘魚佐青筍野菇
Scallop of Amberjack Lightly Poached and served on Fresh
Asparagus and Sautee Porcini
白酒「沙巴龍」及香草冰淇淋
Warm Frost Italian Asti Spumante ® Zabaglion© served
with Vanilla Ice Cream
義式咖啡或茶
Italian Coffee or Tea


$6,000/per person +10% service charge
每位＄6,000＋10%服務費
```

四、協辦廠商：

1.*GQ*、*TO GO*、*VOGUE*雜誌：提供當期雜誌各一百份、五名免費雜誌半年份。

2.長榮航空公司：五張香港來回機票。

3.鮮花坊：現場佈置。

4.冰雕事業：現場冰雕擺設及佈置。

5.人體彩繪工作室：扮裝活動之化裝。

6.服裝股份公司：扮裝活動之服裝提供及攝影師現場拍照。

五、配合部門及單位：

1.工程部：裝置相關設備（活動螢幕及舞台燈光和音響）。

2.公關：接洽媒體廣告、確認餐券、各式海報文案內容。

3.設計：海報、餐券之設計及製作。

4.餐飲部辦公室：活動策劃及現場控制、聯絡協辦廠商、製作套餐菜單。

5.領檯：負責編排座位號碼及分區、劃位、售票。

六、效益評估：

1.收入預估：

日期＼星期	用餐時間	售價（NT$）	入客數	收入
3/5（六）	晚餐	6,000	80	480,000
3/6（日）			80	360,000
3/7（一）			60	360,000
3/8（二）			60	360,000
3/9（三）			60	360,000
3/10（四）			60	360,000
3/11（五）			63	360,000
3/12（六）			80	480,000
3/13（日）			80	480,000
總收入				3,720,000
總入客數			620	
平均消費額		6,000		
平均食物成本		2,100		
總食物成本		1,302,000		

2.收支預估：

項目	數量	售價(NT$)	成本	成本百分比
餐飲	80	6,000	168,000	35%成本
人力				
・內場正職	10	1,000	1,000	1.8%
・外場正職	8	1,000	8,000	1.5%
・外場兼職	4	800	3,200	0.6%
節目：				
・現場音樂會演奏	套	20,000	20,000	3.7%
・扮裝活動	組	25,000	25,000	4.7%
・舞會	1	10,000	10,000	1.8%
裝飾：				
・桌花	40	100	4,000	0.7%
・鮮花				
・冰雕	組	5,000	5,000	0.9%
	組	3,500	3,500	0.6%
印刷物品：				
・餐券	80	20	1,600	0.3%
・海報	2	1,500	3,000	0.5%
・宣傳單	500	2	1,000	0.2%
廣告：				
・AD（*GQ*、*TO GO*、*VOGUE* 免費贊助）	套	免費	0	
成本			262,300	49.6%
總收入	80	6,600	528,000	100%
淨收入			265,700	50.4%

七、節目流程：

15:30	完成現場餐桌之擺設及舞台燈光音響設備
16:00	最後全程排演
17:45	全體服務員 stand by
18:00-19:00	客人入場並開始著裝打扮
19:00	客人入座定位

19:30	現場音樂會欣賞
19:30-22:00	上菜用餐
22:00-22:30	服務甜點及咖啡
22:30	舞會開始請客人至B2舞會場所
00:00	摸彩活動
01:00	活動結束

範例7-6——法國美食節

　　從台北亞都麗緻大飯店的米其林三星Paul Bocuse，來台客座表演美食藝術造成轟動後，台北西華大飯店的「米其林雙子星盛宴」，顯示目前台灣人口味的要求已達國際級的水準，而國內業者的服務，讓消費者不用漂洋過海遠渡法國，也可以享受優質的美食與美酒。亞都麗緻的Paul Bocuse，強調現代新世紀的法國美食，至於來自法國西南部蒙特利爾市的羅倫和傑克布賽爾（Jacques & Laurent Pourcel）雙包胎兄弟，除了法國當地的美食外，另外搭配了開胃酒香檳、佐餐酒紅白酒，巧克力慕司甜點的甜酒則搭配當地的Muscat de Beaumes de Venise1997和甜度相當的Sauternes1988。兩者的美食促銷內容均強調法國「地區性」的料理，且欲吸引中南部前來的美食老饕，另外也有客房的優惠專案，為完美的聽嗅覺饗宴劃上句點。以下的企劃案範例為Mr. Paul Bocuse改寫，由景文技術學院餐飲管理科同學完成。

一、活動主題：米其林三星名廚美饌盛宴。

二、活動時間：2000年11月1日至11月11日。

三、活動地點：亞都麗緻大飯店二樓巴黎廳1930。

四、活動特色：巴黎廳1930很榮幸地為喜愛法國經典美食的品饕專
　　　　　　　家，推薦由法國知名的五位三顆星主廚的代表性名菜：Michel

Guerard的青蔬松露鵝肝沙拉、Paul Bocuse的特製黑松露湯、Jean & Paul Troisgros的香煎酸模挪威鮭魚；Georges Blanc的香烤松菇菲力以及Paul Haeberlin的查洛蒂香料慕斯蛋糕，這五位名廚也是當今法國最資深的三星名廚：

- 1965年──Paul Bocuse
- 1967年──Paul Haeberlin
- 1968年──Troisgros
- 1977年──Michel Guerard
- 1983年──Georges Blance

個別都獲得三顆星的榮耀，至今不墜。此外，只要在本活動期間內用餐，凡點4,800元的套餐即贈送Pual Bocuse親手簽名的精美瓷碗、法國進口VALRHONA 巧克力及法國香榭香水；而點用3,500元的套餐即送法國進口香水乙瓶及玫瑰花。美饌盛宴，嘗鮮正是時候。

五、價格：午餐$1,800加一成；晚餐$3,500加一成；$4,800加一成。

六、供應方式：以法國料理為主食之美饌套餐。

七、服務方式：套餐方式，全程專人服務。

八、菜單內容：省略。

九、贊助廠商：

　　1.法國巧克力。

　　2.葡萄酒酒商。

　　3.航空公司提供之台北←→巴黎來回機票。

十、配合單位：

　　1.公關：負責DM及海報構思，並寄發相關資料給主要客戶及籌備記者會。

2. 美工：負責DM及海報之設計、製作，並以法國美饌之風格佈置會場。

3. 採購：負責瓷碗及布丁碗的採購；巧克力之保存及酒之存貨，並適時的追加進貨。

4. 財務：設立套餐的專屬電腦代號，如$1,800 / PB18；$3,500 / PB35；$4,800 / PB48。

5. 客房：配合餐廳住宿專案，如$3,500套餐二人加住房──$9,999；$4,800套餐二人加住房──$11,999。

十一、評估效益：

1. 收入預估：

食物部分				
日期	型態	價格	數量	合計
11/1	午餐	1,800	30	54,000
	晚餐	3,500	30	105,000
		4,800	20	96,000
11/2	午餐	1,800	25	45,000
	晚餐	3,500	35	122,500
		4,800	30	144,000
11/3	午餐	1,800	35	63,000
		3,500	35	122,500
		4,800	30	144,000
11/4	午餐	1,800	25	45,000
	晚餐	3,500	35	122,500
		4,800	35	168,000
11/5	午餐	1,800	50	90,000
	晚餐	3,500	40	140,000
		4,800	35	168,000
11/6	午餐	1,800	45	81,000
	晚餐	3,500	45	157,500
		4,800	35	168,000
11/7	午餐	1,800	55	99,000

食物部分				
日期	型態	價格	數量	合計
	晚餐	3,500	35	122,500
		4,800	45	216,000
11/8	午餐	1,800	30	54,000
	晚餐	3,500	35	133,500
		4,800	30	144,000
11/9	午餐	1,800	35	63,000
	晚餐	3,500	35	122,500
		4,800	30	144,000
11/10	午餐	1,800	35	63,000
	晚餐	3,500	35	122,500
		4,800	40	19,200
11/11	午餐	1,800	35	63,000
	晚餐	3,500	35	122,500
		4,800	40	192,000
合計				3,878,500

飲料部分				
種類	基本金額	數量	天數	合計
果汁	150	100	11	165,000
葡萄酒（杯）	500	80	11	440,000
葡萄酒（瓶）	2,400	10	11	26,400
合計				869,000
食物總收入				3,878,500
飲料總收入				86,900
服務費收入				474,750
總收入				5,222,250

2.支出預估：

食物成本：	$3,878,500（30％）	$1,163,500
飲料成本：	$869.000（10％）	$ 86,900
資深主廚：	$240,000（3位）	$ 720,000
主廚：	$150,000（2位）	$ 300,000
住宿費：	$5,200（5人×12天×3折）	$ 93,600
伙食費：	$150（5人×2餐×12天）	$ 18,000
交通費：	$10,000（5人）	$ 50,000
雜費：	$20,000	
文宣製作費用：宣傳單及菜單		$ 15,000
琴師		$ 30,000
搭配瓷碗（贈品）$125（500個）		$ 62,500
布丁瓷碗 $60（300個）		$ 18,000
稅 $4,477,500（5％）		$ 237,375
總支出		$2,577,550

3.毛利預估：
$5,222,250－2,577,550＝$2,644,700

十二、競爭者比較：

法式餐廳同時期美食節之比較表如下：

		亞都巴黎廳	來來安東廳	老爺名人法國廳
期間		3/4-3/15	3/4-3/15	3/12-3/31
美食節主題		普羅旺斯音樂饗宴	奧地利提落省美食節	英國美食節
美食節	緣由	位居法國東南部的普羅旺斯，是一個充滿陽光與熱力的美食天堂，其美食也是法國料理中的耀眼之星	提落奧式美食，帶來「阿爾卑斯山心臟」區最誠摯的問候，在宜人的春天氣節下，更展現了其魅力	春天的腳步已近，飯店餐飲的口味也變得清淡，名人廳遂推出清淡精緻的英國美食節
	創意賣點	開胃前菜採「法式餐車」服務，讓視覺和味覺一同體驗普羅旺斯菜餚的新鮮與美味	維也納優雅韻致的風格，經由美食節的帶進，呈現了動人的氣質，在初春的時刻，感覺特別吸引人	受法國及義大利菜的影響，運用其烹飪方式及調味汁搭配英國名產，如蘇格蘭鮭魚、海鮮等，創造出口感精緻豐富的英國新潮美食

		亞都巴黎廳	來來安東廳	老爺名人法國廳
期間		3 /4-3 /15	3 /4-3 /15	3 /12-3 /31
美食節主題		普羅旺斯音樂饗宴	奧地利提落省美食節	英國美食節
美食節	文宣方式	DM、Poster、News Letter、Brochure	DM Poster News Letter	DM Poster News Letter
	名廚	法籍名廚 Chef Jean-Claudeh Herchembert	奧地利客座名廚 Mr.AloisPoell Mr.ManfredTelser	老爺大酒店行政主廚穆爾門
	特殊菜餚	主廚推薦多道充滿當地風味的佳餚，像是橄欖油田朝鮮薊、鹽漬鱈魚、傳統的香蒜濃湯、百里香風味松子煎鱸魚、紅酒調味爐烤牛肉	新鮮的食材，大廚推薦誘人的代表特殊糕點、維也納煎餅、蘋果酥捲、水果乳酪球、巧克力脆皮蛋糕	採法式烹調的烘烤釀餡羊腓利、以法國調味汁為主的紅酒青蒜燒烤蘇格蘭鮭魚、採用英格蘭有名起士的藍莓洋芋湯和主廚推薦的烤干貝附青豆培根醬、扁豆燻鮭湯
	菜餚風味	相較於法國地區其他美食，普羅旺斯菜顯得健康清新，而獨特之處在運用蔬果和海鮮食材，加上當地特產橄欖油、各式香料及葡萄酒調味	大量的購進新鮮食材，主打品質，再加上一派田園的感覺，純樸、典雅、自然純淨，和重口味的台菜有十分大的區別	除了英國新潮菜外，美食節亦特別介紹受歡迎的傳統佳餚，二菜相較，在口味上傳統菜口味較濃郁、氣味較重，適合重口味的老饕
餐飲活動	供應型態	每日供應新鮮豐富的海鮮吧，另加選一道主廚精選法式主菜	週一至週五全時段採半自助沙拉吧方式，備有精緻甜點、湯，在週六、日更推出美食節自助餐，供應消費大眾	單點型態的高檔法國餐，採單點互相搭配，也許再加上適合佐餐的紅酒，美食享受益愈現
	服務方式	以服務生手推「法式餐車」為顧客服務開胃前菜最為特別，而精選的主菜則以傳統服務	親切的餐服人員隨侍整理餐桌的清潔，高行動力解決顧客所有的難題，使顧客心情愉快地享用美食	保持一貫的精緻法式服務，細心週到，美食節再合併新潮美食，給主顧完全賓至如歸的服務
	周邊活動	美食節期間每天晚間7:00-9:00現場全浪漫的法國香頌情曲，讓每位前來的貴賓在悠閒浪漫的心緒中，享用主廚的美食	「提落省民俗樂團」傳唱山間的民俗歌舞，極富當地色彩，還有馳名全球的精細水晶也將帶給您感覺奧地利的純淨之美	原本氣派的廳堂經過佈置，成了寧靜的角嶼，感受英國春天的情調。現場贈送顧客用餐後的小點，希望這樣的細心能創造成功的美食節
	價格	成人午餐每位680-780元，晚餐880-980元 *外加一成服務費	成人午餐每位780元，晚餐880元 兒童一律500元 *外加一成服務費	菜價從200-5,000元不等，由顧客自行搭配 *外加一成服務費

範例7-7——澳洲美食節

一、活動主題：澳洲昆士蘭美食節

二、活動時間：88年9月5日至88年9月12日

三、活動地點：來來大飯店牛排屋（The Steak House）

四、活動特色：特殊的澳洲昆士蘭美食——鱷魚肉和海陸全餐採用
燒烤方式呈現給客人

五、活動內容：

1. 用餐加住宿的package：凡只要是房客，在客房內皆贈送昆士
蘭美食節套餐的100元折價券。來餐廳用餐的顧客點兩客美
食節套餐，再加2,500元，即可獲得本飯店二天一夜住宿券一
張。

2. 餐價：一客昆士蘭美食節套餐1,400元。

3. 供應方式：除套餐內容外，仍供應自助沙拉吧、甜點吧、水
果吧。

4. 服務方式：套餐部分由服務員服務，自助吧部分由客人自行
取用。

6. 節目表演：邀請昆士蘭樂園的三人樂團，到場客串演出。主
要是以一些簡單的樂器唱出他們昆士蘭當地的民謠。客人也
可和樂者拍照留念。表演時間如下：

中餐	每六十分鐘表演一次，一次十五分鐘： (1)12:30-12:45 (2)13:30-13:45
晚餐	(1)18:30-18:45 (2)19:30-19:45 (3)20:30-20:45 (4)21:30-21:45

六、菜色內容：

香煎鳳梨甜薯鵝肝

Luxurious pan seared foie gras with sweet potato mash &

grilled pineapple

龍蝦濃湯 or 魚翅洋蔥湯

Lobster Cream or Shark's Fin French Onion Soup

鱷魚肉 or 海陸全餐

Crocodile or Surf & Turf

柳橙沙碧

Orange Sherbet

以上各項主菜為炭烤，並附烤馬鈴薯、炸洋蔥圈及烤番茄

All items are charcoal broiled and served with a

baked potato ,onion rings and herbed tomatoes

NT$1,400

需附加10%服務費

Prices are subject to a 10% service charge

（此套餐皆附湯、沙拉吧、甜點、水果、咖啡或紅茶）

七、贈品：抽獎活動：昆士蘭來回機票一張、牛排屋餐券、無
尾熊玩偶……。

八、配合廠商：

1.澳洲昆士蘭觀光局。

2.紐西蘭航空公司。

九、配合部門及單位：

1.採購部：負責玩偶的採買、肉類採買。

2.財務部：設立「昆士蘭」美食節套餐的電腦代號。

3.公關：接洽媒體廣告，確認各式海報文案內容。

4.設計：餐廳現場佈置、海報、菜單樣式設計及摸彩券的設計和製作。

5.餐飲部辦公室：活動策劃，聯絡協辦廠商及擔任樂團保姆，製作套餐菜單。

6.牛排屋：自行安排活動當週的訂位。

十、預算分析：

1.支出預估：

項目	成本（NT$）	成本％
餐飲： ・食物（午餐& 晚餐）	547,960	38.0％
人力：	288,400	20.0％
節目： 樂團支出： ・住宿費：9/4-9/13共十天 　Twin Room @5,500＊50％＊10(晚)＝27,500 ・伙食費：早餐 @300＊50％＊9(天)＊3(人)＝4,050 　　　　午晚 @110＊9(天)＊3(人)＝2,970 ・交通費：由航空公司贊助 ・零用金：每人每天40(美金)＊3(人)＊9(天) 　　　　＝1,080(美金)＊32＝34,560(NT$)	69,080	4.8％
裝飾： ・現場佈置	0	

項目	成本（NT$）	成本%
印刷物品：		
·摸彩券（設計）	5,000	0.3%
·摸彩券（印刷）	25,000	1.7%
廣告：		
·DM（設計打樣，印刷）	10,000	0.7%
·報紙	20,000	1.4%
總支出	965,440	66.9%
總收入	1,442,000	100.0%
淨收入	47,656	33.1%
TOTAL TAXABLE INCOME	1,586,200	100.0%
NET TOTAL TAXABLE INCOME	620,760	39.1%

2.收入預估：

日期	星期	售價（NT$）	來客數	收入（NT$）
9/5	日	1,400	150	210,000
9/6	一		100	140,000
9/7	二		110	154,000
9/8	三		130	182,000
9/9	四		120	168,000
9/10	五		120	168,000
9/11	六		150	210,000
9/12	日		150	210,000
總收入			1,442,000	
總容數			1030	
平均單價			1,400	
總食物成本			547,960	
服務費				144,200
總收入				1,586,200

(三)餐飲促銷企劃案——主題宴會

[範例7-8——射鵰英雄宴]

　　台北西華飯店發出武林帖，邀請各門派的高手們共赴一場空前的金庸武林大會——射鵰英雄宴。這場盛宴將於11月15日在西華飯店三樓的宴會廳舉行，屆時香港鏞記酒家與台北西華飯店將聯手合作，讓使洪七公垂涎欲滴的「叫化雞」，玉笛誰家聽落梅的「炙牛肉條」，一一呈現在與會者的眼前。

　　一代武俠宗師金庸先生將於87年11月初來台主持「金庸小說國際學術研討會」，共計有來自世界各地的學者專家兩百多人與會，使得首次舉辦的「金學」研討會萬眾注目。射鵰英雄傳中有許多傳神且令人心動的美食描述，鏞記的甘建成大師及怡園的李滿江師傅首次合作，除了要使書中的名菜成真外，也精心設計了許多深具古典的佳餚。

　　港台聯手推出的射鵰英雄宴，每客套餐僅2,500元。因精緻材料有限，恕只能限量供應，欲參加此武林大會的英雄豪傑，應從速訂購餐券，以免向隅。菜單如下：

荷香飄溢叫化雞

讓洪七回味無窮的叫化雞，可以讓您齒頰留香，永難忘懷

玉笛誰家聽落梅

黃蓉的巧思，將五種肉類，串成有二十五種口味的炙牛肉條，試試看!

吃了也像洪七一樣，成為「吃客中的狀元」

二十四橋明月夜

黃蓉家傳的蘭花拂穴手，輕巧地呈現此道費時費工的火腿蒸豆腐

獨步天下蛤蟆功

西毒歐陽峰以蛤蟆功獨步武林

主廚精心調配的杏仁雪哈露，養顏美容

桃花島上百花開

粉嫩的牡丹酥，鮮黃的菊花酥及晶瑩剔透的

水晶奶黃花，彷彿親臨世外桃源

(四)飲料促銷企劃案

範例7-9 ── 每月一酒

一、活動主題：熱帶水果雞尾酒。

二、活動時間：88年7月1日至88年8月31日。

三、活動地點：Lobby Bar。

四、活動特色：

　　1.以夏威夷及南美風味為走向。

　　2.強調飲料的顏色、裝飾、口味及整體造型。

　　3.口味以清涼有勁風味特殊為訴求。

　　4.改良傳統之雞尾酒為熱帶雞尾酒。

　　5.種類預計為六款（需使用數種新鮮水果及薄荷葉）。

　　6.請美工製作Tropical Drink精美桌卡。

五、贊助廠商：NIL。

六、配合單位及部門：

　　1.採購部：小紙傘、手搖碎冰機。

2.公關部：媒體新聞稿，確認各式海報文案內容。

3.設計：酒吧現場佈置、海報、菜單樣式設計。

4.餐飲部辦公室：活動策劃。

七、營收預估：

每餐	人數	平均消費食物	平均消費飲料	飲料與食物	天數	合計
Lunch	5		250		60	75,000
Tea Time	15		250		60	225,000
Dinner	10		250		60	150,000
合計	30		250		60	450,000

八、活動分析：

1.活動費用：10,500元（New Letter 5,000元+海報2,000元+雜支3,500元）

2.利潤：327,500元（營業收入450,000元－飲料成本25％112,500元－活動費用10,500元）

九、促銷飲料單：

1.Tropical Fancy Colada：

· 1 1/2 oz Light Rum

· 1/2 oz Malibu Rum

· 1 oz Coconut Milk

· 1/2 cup Cracked Ice

作法：

3 pcs of Fresh Fruit（Kiwi、Melon、Pineapple）

Put all ingredients into blender, low speed 12-15 seconds. Pour all into pilsner glass, garnish of a slice of fresh seasonal fruit, a small unbrella & a flower for decoration.

2.Tropical Fruit Hurricane：

· 1 1/2 oz Light Rum

- 1/2 oz Liqueur（Cassis、Cointreau、etc.）
- 1 cup Cracked Ice
- 3 tspa dice of Fresh Fruit

作法：

a.Fill up with cracked ice into water goblet, 8-10 full of water goblet.

b.Put fresh fruit dice on top of crached ice.

c.Pour light rum from edge of inside of glass.

d.Pour liqueur on top on fresh fruit.

e.Garnish of fresh fruit, a small unbrella & a flower for decoration.

f.Serve with a long tea spoon & a piece of paper napkin, place on right side of the drink.

┌ **範例7-10──飲料的促銷方式** ┐

其他促銷飲料的方案：

1.啤酒買一送一：吧檯常舉辦happy hour, buy one get one free，促銷吧檯使用率最低的時段。

2.葡萄酒促銷──博酒萊：葡萄酒單杯酒促銷（wine by glass），促銷法國五大酒莊的葡萄酒，促銷的方式為賣單杯酒，這種方式符合一些喜好品酒又無法多喝的客人，因為一瓶好的葡萄酒其價錢相當昂貴，而且他們也只是想品嘗這些好酒，以單杯來賣，他們也較負擔得起。再加上餐廳與廠商的關係良好，購入的價格也比較低，所要負的成本也因此變低了，用賣單杯的方式搭配用餐來促銷，往往會賣得非常好（如表7-7）。

表7-7　餐廳葡萄酒單杯促銷活動比較表

	凱悅CHEERS （LINDEMANS WINE）	福華七賢吧 （CALIFORNIA WINE）	晶華上庭酒廊 （ROSEMOUNT WINE）
價格	單杯售價260元起	單杯售價280元起	單杯售價240元起
種類	紅酒五種、白酒三種	紅酒六種、白酒六種	紅酒六種、白酒四種
銷售 服務	由專業葡萄酒員對顧客進行產品的介紹並推薦適合顧客需求的產品	由外場一般服務人員進行點單	由外場一般服務人員進行點單
售後 服務	點用任何LINDEMANS WINE二杯即可參加獎項價值百萬之抽獎活動：包括特獎（與成龍共進晚餐）的香港四天三夜遊，還有進口葡萄酒專用冰箱、台北凱悅大飯店兩天一夜住宿及二人份晚餐、LINDEMANS葡萄酒六瓶等四百多個令人驚喜的獎項	點用任何CALIFORNIA WINE一瓶即可參加橡木桶八五折抵用券一張之抽獎活動	點用任何ROSEMOUNT WINE一瓶即可參加上庭酒廊三百元禮券一張之抽獎活動
文宣 方式	• 於餐廳大門擺設標示促銷內容的告示牌 • 於餐桌面上擺設標示促銷內容的立牌 • 發行促銷DM以吸引顧客	• 於餐桌上擺設CALIFORNIA WINE之酒單 • 酒吧前海報 • 刊登消息於福華雜誌	• 於餐桌上擺設ROSEMOUNT WINE之酒單 • 寄發消息給資料庫的顧客
飲料 單設 計	標示促銷內容的各種回饋活動以吸引顧客的消費欲望	一般	一般

範例7-11——葡萄酒單杯促銷（香檳篇）

　　莫耶香登皇室香檳，已在台灣各飯店具有相當的知名度，幾乎所有五星級大飯店的葡萄酒單上均不會遺漏Moet Chadon，所以葡萄酒商也會利用各種促銷活動，與各餐飲單位結合，再行活絡市場並增加雙方的利潤。

一、促銷主題：莫耶香登皇室香檳。

二、主辦單位：浤豐洋酒公司。

三、活動期間：2000年5月至6月底。

四、活動內容：

　　(一)餐飲店家：

　　　　1.可以單杯及單瓶促銷，售價自定。

　　　　2.促銷活動以收集瓶塞兌換獎為主，以鼓勵餐廳員工銷售。

　　　　3.促銷期間，餐廳需擺設展示商品（展示瓶、桌卡文宣品）在餐廳最醒目之處。

　　　　4.訓練侍酒師著MOET圍裙向客人介紹及服務。

　　　　5.香檳單杯建議售價為每杯250-300元（以13cl香檳杯為準），平均每瓶可倒六至七杯。

　　(二)主辦單位：

　　　　1.提供莫耶香登皇室香檳各項文宣促銷品及展示品。如品牌徽章、香檳開瓶器、冰桶、展示用香檳瓶、桌卡、大型海報等。

　　　　2.負責提供香檳專業知識及服務技能講座一次。

　　　　3.各餐飲單位第一次進貨需達兩箱（375ml及750ml均可）。

　　　　4.活動期間可以享有莫耶香登皇室香檳的優惠進貨價。

5.提供MOET圍裙。

6.如果餐廳有特別印製促銷的菜單或酒單，贊助印刷費用 10,000元（含稅）。

┌─ **範例7-12──各國葡萄酒促銷** ─┐

一、活動主題：法國葡萄酒促銷專案

二、活動日期：1999年10月

三、活動內容：

1.凡order任何法國促銷葡萄酒一瓶即贈送精美法國促銷葡萄酒 之簡介一份。

2.凡order任何法國促銷葡萄酒一瓶即可參加下列抽獎活動：

特獎：Chateau Margaux 94一瓶

貳獎：葡萄酒專用冰箱

參獎：餐廳酒吧飲料禮券200元

肆獎：專用葡萄酒開瓶器

四、文宣方式：DM、Poster、New Letter。

五、配合部門及單位：

1.財務部：設立各葡萄酒電腦代號。

2.公關部：接洽媒體廣告、各式海報文案內容。

3.美工部：海報、菜單打樣。

4.採購部：製作海報所需紙類進貨、酒的進貨。

5.餐飲部：菜單內容設計。

6.促銷酒吧：促銷活動的進行、服務員接受法國葡萄酒基本訓 練課程。

六、收支與成本預估：

1.成本預估：

項目	成本	成本（%）
飲料	$300,300	35.0%
人力： ・正職 ・兼職	 $150,000 $ 42,240	
印刷品： ・促銷菜單──設計 ・促銷菜單──印刷	 $ 3,000 $ 5,000	
廣告： ・DM ・報紙	 $ 10,000 $200,000	
預估總支出		
預估總收入	$858,000	

2.收入預估：

日期／星期	杯／瓶	平均售價	杯／瓶數	收入
10/1 （五）	杯	$ 352	30	$10,560
	瓶	$1,920	10	$19,200
10/2 （六）	杯	$ 352	40	$13,000
	瓶	$1,920	15	$28,800
10/3 （日）	杯	$ 352	40	$13,000
	瓶	$1,920	15	$28,800
10/4 （一）	杯	$ 352	25	$ 8,125
	瓶	$1,920	5	$ 9,600
10/5 （二）	杯	$ 352	25	$ 8,125
	瓶	$1,920	5	$ 9,600
10/6 （三）	杯	$ 352	25	$ 8,125
	瓶	$1,920	5	$ 9,600
10/7 （四）	杯	$ 352	30	$10,560
	瓶	$1,920	10	$19,200
10/8 （五）	杯	$ 352	30	$10,560
	瓶	$1,920	10	$19,200

日期／星期	杯／瓶	平均售價	杯／瓶數	收入
10/9 （六）	杯	$ 352	40	$13,000
	瓶	$1,920	15	$28,800
10/10 （日）	杯	$ 352	40	$13,000
	瓶	$1,920	15	$28,800
10/11 （一）	杯	$ 352	25	$ 8,125
	瓶	$1,920	5	$ 9,600
10/12 （二）	杯	$ 352	25	$ 8,125
	瓶	$1,920	5	$ 9,600
10/13 （三）	杯	$ 352	25	$ 8,125
	瓶	$1,920	5	$ 9,600
10/14 （四）	杯	$ 352	30	$10,560
	瓶	$1,920	10	$19,200
10/15 （五）	杯	$ 352	30	$10,560
	瓶	$1,920	10	$19,200
10/16 （六）	杯	$ 352	40	$13,300
	瓶	$1,920	15	$28,800
10/17 （日）	杯	$ 352	40	$13,000
	瓶	$1,920	15	$28,800
10/18 （一）	杯	$ 352	25	$ 8,125
	瓶	$1,920	5	$ 9,600
10/19 （二）	杯	$ 352	25	$ 8,125
	瓶	$1,920	5	$ 9,600
10/20 （三）	杯	$ 352	25	$ 8,125
	瓶	$1,920	5	$ 9,600
10/21 （四）	杯	$ 352	30	$10,560
	瓶	$1,920	10	$19,200
10/22 （五）	杯	$ 352	30	$10,560
	瓶	$1,920	10	$19,200
10/23 （六）	杯	$ 352	40	$13,000
	瓶	$1,920	15	$28,800
10/24 （日）	杯	$ 352	40	$13,000
	瓶	$1,920	15	$28,800

日期／星期	杯／瓶	平均售價	杯／瓶數	收入
10/25 （一）	杯	$ 352	25	$ 8,125
	瓶	$1,920	5	$ 9,600
10/26 （二）	杯	$ 352	25	$ 8,125
	瓶	$1,920	5	$ 9,600
10/27 （三）	杯	$ 352	25	$ 8,125
	瓶	$1,920	5	$ 9,600
10/28 （四）	杯	$ 352	30	$ 10,560
	瓶	$1,920	10	$ 19,200
10/29 （五）	杯	$ 352	30	$ 10,560
	瓶	$1,920	10	$ 19,200
10/30 （六）	杯	$ 352	40	$ 13,000
	瓶	$1,920	15	$ 28,800
10/31 （日）	杯	$ 352	40	$ 13,000
	瓶	$1,920	15	$ 28,800
總收入				$858,000
總入客數			1,270	
平均消費		$ 676		
總食物成本		$300,300		

[**範例7-13──酒餚餐**]

一、活動主題：美酒名饌「羅亞爾」。

二、活動地點：法國餐廳。

三、活動日期：1999年9月1日至9月12日（12:00a.m.-1:00a.m.）

四、產品內容：

	酒款	單瓶售價	單杯售價
白酒 （Vin Blanc）	Pouilly-Fume "La Grande Cuvee" 1994, Pascal Jolivet	$2,500	$300
	Pouilly-Fume "Les Griottes"1995, Pascal Jolivet	$1,800	$300
	Sancerre"La Grande Cuvee"1994, Pascal Jolivet	$1,800	$300
紅酒 （Vin Rouge）	Sancerre"Domaine du Colombier" 1995, Pascal Jolivet	$1,800	$300

＊以上價格另需加一成服務費

五、酒餚餐菜單設計：

　　1.午餐菜單（Lunch Menu）：NT$780+10%

白酒蝸牛湯

Snail Soup with Sancerre Wine from Loire Valley

香燉橙汁小牛胸

Braised Veal Breast with Orange

或（OR）

洋芋香煎鱒魚

Filet of Trout with Potato Crust

每日精緻塔點

Daily Tart

咖啡或茶

Coffee or Tea

以上每客NT$780，另加10% 服務費

2.晚餐菜單：NT$980+10%

羅亞爾河羊乳酪沙拉

Salad with Famous Goat Cheese from Loire Valley

鵝肝凍佐鄉村麵包

Goose Liver Terrine with Farmer Bread

鮮蠔湯

Mussel Soup

喜儂紅酒雞

Chicken with Chinon Wine from Loire Valley

香煎芹菜鮭魚

Salmon with Celeriac

新鮮乳酪佐水果醬

Heart of Home Made Fresh Cheese with Fruit Sauce

每日精緻塔點

Daily Tart

咖啡或茶

Coffee or Tea

以上每客NT$980，另加10%服務費

六、贊助廠商：

　　1.葡萄酒廠商。

　　2.法國食品協會。

七、部門配合：

　　1.財務部：成本控制室設立價格及Item Code輸入登錄。

2.工程部：裝置產品展示櫃和海報架，以及展示區上方投
　　射燈之架設相關工程之安裝。

3.公關部：接洽媒體廣告，海報文案內容撰寫，及通知鋼
　　琴師安排相關演奏曲目。

4.美工部：展示櫃設計及佈置，海報設計及Tent Card、菜
　　單之製作。

5.餐飲部：聯絡贊助廠商提供產品內容及數量。

八、評估效益：收入預估如下表。

日期／星期	午／晚	售價	入客數	收入
9/1　（三）	午	$ 780	30	$23,400
	晚	$ 980	50	$49,000
9/2　（四）	午	$ 780	30	$23,400
	晚	$ 980	50	$49,000
9/3　（五）	午	$ 780	40	$31,200
	晚	$ 980	60	$58,800
9/4　（六）	午	$ 780	60	$46,800
	晚	$ 980	70	$68,600
9/5　（日）	午	$ 780	60	$46,800
	晚	$ 980	70	$68,600
9/6　（一）	午	$ 780	30	$23,400
	晚	$ 980	50	$49,000
9/7　（二）	午	$ 780	30	$23,400
	晚	$ 980	50	$49,000
9/8　（三）	午	$ 780	30	$23,400
	晚	$ 980	50	$49,000
9/9　（四）	午	$ 780	40	$31,200
	晚	$ 980	50	$49,000
9/9　（五）	午	$ 780	40	$31,200
	晚	$ 980	50	$49,000
9/10（六）	午	$ 780	60	$46,800
	晚	$ 980	70	$68,600

日期（星期）	午／晚	售價	入客數	收入
9/11（日）	午	$ 780	60	$46,800
	晚	$ 980	70	$68,600
9/12（一）	午	$ 780	30	$23,400
	晚	$ 980	40	$39,200
總收入				
總入客數				

九、葡萄酒單：

酒單

Wine List

單杯

By Glass

白酒

Vin Blanc- White Wine

Pouilly-Fume®Les Griottes©1995 Pascal Jolivet

NT$300

紅酒

Vins Rouge - Red Wine

Sancerre®Domaine du Colombier©1995 Pascal Jolivet

NT$300

All above prices are subject to 10% sevice charge

以上價格均需加一成服務費

[範例7-14——咖啡促銷活動]

一、活動主題：戀戀咖啡情。

二、活動日期：2月10日至2月14日。

三、菜單內容： 四種雙人情人杯（@399元）。

　　1.法布奇諾特大情人杯。

　　2.那堤特大情人杯。

　　3.卡布奇諾特大情人杯。

　　4.每日咖啡特大情人杯。

四、贊助廠商：統一企業股份有限公司（7-ELEVEN）。

　　凡在STARBUCKS消費套餐則送折價券，可在7-ELEVEN獨享免費情人花束外送服務。

五、各部門聯絡與配合：

　　1.公關部：接洽媒體廣告、確認折價券、各式海報及看板文案內容。

　　2.財務部：負責設定套餐電腦代號。

　　3.採購部：負責蛋類之採購、進貨。

　　4.美工部：海報、文宣、菜單之設計及製作。

六、成本預估：

項目	數量	售價	成本	成本
餐飲： ・四種情人杯*80套	320	$399	$51,072	（40%）
人力： ・外場（兼職）	2	$600	$ 1,200	—
印刷物品： ・餐券	300	$ 2	$ 600	—
總支出	—	—	$52,872	82.8%
總收入	160	$399	$63,840	100%
淨收入	—	—	$10,968	17.2%
備註： 1.一天來客數平均為320客，五天為1,600客 2.一天淨收入為10,968元，五天為54,840元				

七、目前餐飲連鎖咖啡廳促銷方案：

1.星巴克咖啡（STARBUCKS）：

國外來的星巴克在促銷的手法上跟真鍋及西雅圖迥然不同；只要去星巴克過的人一定會被它的裝潢所吸引，進到它的店裡頭除了來此喝咖啡、休憩的人們外，大概很難不注意到它位於店裡一角的各式周邊產品，如它的保溫杯會不定期推出新的圖案，而且只要購買保溫杯就可以免費贈飲一杯咖啡（不限種類）；還有星巴克獨賣的「伯頓壺」，而且是有專利登記的。

在星巴克每天都會推出（本日咖啡），所謂的本日咖啡，就是選定一種咖啡豆煮出來的咖啡，每一天的本日咖啡都是由不同的咖啡豆煮出來的，表面上好像是在促銷咖啡，但事實上它也在促銷咖啡豆。最近它推出了（咖啡護照），只要你購買半磅或一磅的咖啡豆即可獲得一本咖啡護照及所購買咖啡豆種類的標籤和店章，因星巴克鼓勵客人多嘗試各種類的咖啡，集滿八個不同的標籤，就可以獲贈一包半磅不限種類的咖啡豆。

2.Kohikan（以前的真鍋咖啡）：

促銷策略特點最大的不同，是全省三十多個分店都不盡相同。不是每家分店的設備都相同，各分店可依他們店裡的需要而添購該分店所需的設備，所以並不是每家分店都一樣。另外，Kohikan有一個特點是星巴克和西雅圖都沒有的，那就是有賣素食，使素食者也可享用美味的咖啡和糕點。而另一特點是外賣有打折，為了充分使客人都能在客滿時還能購買產品，特別計畫出外賣打折專案，能使顧客在客

滿時還能便宜消費的產品。下午茶產品並不是每家分店都
有，要視各分店促銷情況。像在永和中正店的下午茶餐點就
有一項產品——自製起士夾心煎餅，是其他分店所沒有的，
所以促銷可以說各分店有各分店的特色。除此之外，在母親
節期間，消費滿300元即送折價券，可購買珍珠項鍊。

3.西雅圖極品咖啡：

　　西雅圖雖和星巴克的咖啡類似，兩者有太多相似之處，
所以其促銷策略更顯得重要了。雖然兩家都有賣極具特色的
咖啡豆，但西雅圖卻有可訂購／外送的咖啡豆，讓許多咖啡
迷不再擔心沒時間去買咖啡豆，只要一通電話或傳真，咖啡
豆子即刻送到家，簡捷又便利。另外，只要買一磅咖啡豆就
贈送塑膠咖啡杯墊，以及使用套餐推出了八個超值早餐系
列，風評還不錯。

　　西雅圖和星巴克同樣運用文宣資料，教導客人更進一步
的咖啡資訊，瞭解該店咖啡的特色及咖啡護照。雖然兩家各
名為咖啡護照，但其促銷作法又不同，而西雅圖為販賣900
元的咖啡護照，來店消費一杯咖啡九折優待，其消費的金額
則由900元的咖啡護照中扣除。另一方面為西雅圖不惜血本
出版咖啡資訊的相關手冊、雜誌，曾出版「咖啡手冊」，供
廣大的咖啡迷免費索取，88年元月更推出全國首創非營利性
質的雜誌*Coffee Times*，為客人的咖啡常識充電。*Coffee
Times*目前已出到第四期，每期鎖定一個主題，一月號暢談咖
啡浪漫史、咖啡館與倫敦證券交易所和洛伊德保險集團的淵
源，並探索咖啡館和巴黎大革命的關係；二月號討論咖啡豆
上、中、下游製成；三月號公開咖啡烘焙秘密；四月號是集

錦式的咖啡趣聞。免費刊物能增進咖啡館的人文互動，唯有寓教於流行，讓大家都瞭解咖啡的樂趣，才能維繫咖啡館熱潮於不墜。

4.促銷活動分析比較：

(1)早餐套餐：西雅圖曾推出八種超值早餐套餐；星巴克則只有單點，無套餐方式。

(2)文宣資料：西雅圖不惜血本出版手冊、雜誌，出版關於「咖啡手冊」，供咖啡迷免費索取，也推出全國首創非營利性質的雜誌*Coffee Times*，為客人的咖啡常識充電；星巴克雖也有文宣資料，可使咖啡迷能瞭解此咖啡館的特色，另外星巴克2月9日宣布和時代公司合作，出版星巴克專賣的雙月刊*JOE*，內容定為流行文化、電影和旅遊，於88年6月上市，此為另一個風潮。

二、宴席專案範例

(一)謝師宴

飯店餐廳的謝師宴通常是用包裹式餐飲服務專案，來搶攻潛力無窮的謝師宴市場。雖然謝師宴的主角是學生與老師，在景氣不佳時，送舊、謝師宴的市場年年均穩定成長，加上人數眾多，往往需要包場包廳居多，可以使間接的人事及食物成長變低，營業額也有保障。目前，謝師宴的商機無限，已可以與婚宴、尾牙並重。

一般的謝師宴專案內容，除了以中西式自助餐、中式桌菜為主，平均單價從每位600元至1,000元左右，桌菜十二人則在每桌

霖園謝師宴專案

廳別	方式	餐價	優惠
B2F國際宴會廳 3F翠亨村	西式自助餐 中式自助餐	$700 / 每人 （價格含稅）	· 限五十人以上 · 滿五人以上每十位免費招待一位 · 色費贈送無酒精雞尾酒 · KTV設備酌收優惠費用$1,000
	桌菜	$7,800 / 每桌 $8,800 / 每桌 （價格含稅）	· 隨餐每桌贈送盒裝果汁三瓶 · 滿五桌以上每桌贈送紅酒一瓶
5F鶴日本料理	日式自助餐	午餐$630 / 每人 晚餐$750 / 每人 （價格另加10%服 務費）	· 滿十位免費招待一位；滿二十位 　免費招待二位，以上依此類推 · 滿三十位另免費招待老師一人， 　另贈送班導師小禮物一份
6F庭園咖啡廳	國際自助餐	午餐$550 / 每人 晚餐$680 / 每人 （價格另加10%服 務費）	· 滿十位色費招待一位；滿二十位 　免費招待二位，以上依此類推 · 滿三十位以上贈送無酒精雞尾酒 　，另免費招待老師一人
		下午茶$320 / 每人 （限三十人以上， 價格含稅） （週一至週五適 用）	
42F雲頂餐廳	套餐	午餐$590 / 每人 晚餐$1,280 / 每人 （價格另加10%服 務費）	· 滿三十人以上每十位免費招待一 　位，另贈紅酒一瓶

資料來源：高雄霖園大飯店

6,000元至10,000元不等。也有業者推出精緻的套餐方式,價位在每位800元至12,000元。為討好年輕客層,在專案中另外會包含贈送雞尾酒、飲料無限暢飲、酒水特惠或自備飲料可免開瓶費等。還有訂餐達某一人數,則可獲贈一客自助餐、兌換餐券及禮券,或滿二十位同學,老師一位優待等。

學生會考慮在飯店舉辦謝師宴,除了考慮陳設氣派、菜餚精緻、場地寬廣、還有搭配器材及附屬品多,業者可以考慮在這些需求上設計出更好更新的專案。例如提供音響設備、卡拉OK、麥克風、舞台、場地佈置、立可拍照片、現場DJ、現場吧檯、協助安排節目流程等。

(二)會議專案

越來越多的公司廠商利用飯店及餐廳的會議場地,進行開會及訓練。

會議行銷的方式可以為:

1.主題會議行銷:
  (1)高爾夫會議:揚昇高爾夫球場、鴻禧飯店。
  (2)茶餐會議:休閒飯店。
  (3)海濱會議:翡翠灣、墾丁。
  (4)溫泉會議:陽明山、知本。
2.區域景點行銷:
  (1)舊港風情高雄情──高雄飯店的商務會議與休閒結合。
  (2)商港新機在台中──台中飯店結合周邊會議場地及休閒旅遊點。

(3)國家公園會議──墾丁與陽明山的飯店結合周邊休閒點。

3.消費者會議需求行銷：

(1)美食與會議。

(2)葡萄酒酒餚餐會議──一邊開會一邊學習葡萄酒的知識。

(3)紓解壓力──會議與運動俱樂部、休閒設施結合。例如三溫暖、按摩指壓、護膚保養等活動，使參與的學員，既可學習新知，也可以紓解平日的壓力，連因忙碌忽視的運動保養工作，也可以有機會一次獲得。

(4)長期定期的會議：簽訂長期合約，消費者可以獲得較好的租金折扣，也因熟識度漸高，服務的配合度會更滿意。

(5)交通考慮的會議：在交通擁塞的商務飯店，可以把會議結束的交通問題設計在會議專案中，例如接泊的專線公車、場地交通車等。

(6)專業的會議設備：餐廳飯店可以依所要爭取的客層，依其所需的會議設備來準備及設計在會議的專案中。有些太過於昂貴的專業器材，例如接電腦的液晶投影機，可以與外租器材的廠商合作，不要購買而採用外租的方式。

(7)喝采來自名人的風采：公司的主辦者如果是有聲望的名人，將會為你作免費的廣告，告知你的未來客人，可以馬上獲得立即的肯定。

(8)與慈善公益單位結合：贊助慈善公益團體，提高餐廳飯店的形象，通常企業主會挑選形象相近的飯店作為會議場所。

範例7-16———會議專案

漢來會議專案

漢來會議專案每人每晚NTS**3,333**起

非凡的享受

■ 住標準客房或精緻客房一夜
■ 享有海港自助早餐一份
■ 可自由使用三溫暖、健身房、泳池等豪華設施
■ 迎賓水果籃及中(英)文報紙一份
■ 機場巴士定時接送，免費停車
■ 漢神百貨購物9折優惠，進入ROCK 22搖滾餐廳免門票
■ 免費使用會議廳(使用時段：AM 9:00～PM 4:30)
■ 免費享用會間茶點(上、下午各一次，包括咖啡、茶及西式餅乾)
■ 可依會議人數提供午餐(中式合菜或西式自助餐)
■ 以上價格均未含服務費

周全的器材

幻燈機、投影機(含螢幕)、電視及錄放影機(以上器材三選一)
白板及筆、講桌、三支有線麥克風、簡報架、
桌上型名牌、指揮棒、開會用紙及鉛筆、冰水、指引海報一張、
文件影印(每份5元，以A4為準)

注意：■ 本專案限十人以上團體 ■ 本專案即日起至87年3/31止

漢來會議專案洽詢專線：**(07)216-1766** 轉行銷業務部
(02)751-7527 台北業務處

漢來「會議專案」熱烈實施中

現在不到漢來開會，保證後悔

只要您一通電話，所有開會有關的事，漢來都能
替您一次搞定、服務到底！
吃、住都在真正的五星級飯店不說、還能享用
周全先進的會議設備、會間有特製茶點提神、開完會
還可自由使用三溫暖、健身房、游泳池等
豪華休閒設施，讓開會像是度假，鐵定
會議效果非凡⋯⋯
如果您的對手比您先找上漢來「會議專案」，
您可就要當心了！

資料來源：高雄漢來大飯店

第三節　文宣品

　　一般餐廳的文宣用品大多採用宣傳單、小冊子、宣傳信函及訂購單。

(一)宣傳單或小冊子

　　宣傳單及小冊子可能放置在餐廳明顯處供顧客取閱，或是由業務人員帶至顧客處專門介紹用。特別是有美食節及促銷時，都會花錢印製。宣傳單參考圖7- 2。

(二) 宣傳信函

　　有時宣傳單的內容不足以陳述促銷的內容，及發送時不夠直接與正式。通常餐廳可以考慮使用正式書信的方式，來傳遞即時的餐飲消息。

　　1.折疊式：折疊式的書信隱密性強，直接送交或郵寄到顧客手中，令顧客倍受尊重。
　　2.明信片式：一樣有直接郵寄的優點，篇幅受限但較節省郵資。

(三)訂購單

　　直接把訂購單與促銷內容合併列印，傳送到顧客的手中，也有餐廳會放置在餐廳出納處供顧客索取。此訂購單最好設計為多用途式，可以傳真、電話預訂或親自購買等（如圖7-3）。

天香樓
來自杭州西湖的珍饈佳餚
為您一解吃的鄉愁

東坡肉／鮮潤而不碎，香糯不膩口

俗諺云：「上有天堂，下有蘇杭」
杭州的秀麗山水，園林藝苑，名勝古蹟
多少風流韻事衍自其中，
同時也是文人雅仕匯集之處。
然而「江南憶，最憶是杭州」
對我們這個講究美食的民族而言，
泰半也是為了名聞遐邇的
「西湖醋魚、東坡肉及龍井蝦仁」
這些令人無法忘懷的杭州名菜吧！

永豐棧麗緻酒店天香樓
將正統杭州美食的原味，忠實呈現在您的面前
盼高品味的美食專家共鑑賞之。

THE LANDIS
永豐棧麗緻酒店

台中市台中港路二段9號 訂位專線：(04) 32 6 - 80 08 轉2 22 6 - 2 2 27

圖 7- 2　餐廳的宣傳單
資料來源：永豐棧麗緻酒店

吉祥禮籃 Fortune Hamper NT$ 2,000	年糕(Lunar rice cake) 1.25kg 貴妃雞 (House marinated chicken) X.O.醬 (Kwei Hwa X.O. sauce) 1 bottle 巧克力 (Rabbit chocolate) 醃泡菜 (Cantonese pickles) 160gm 紅酒小瓶(1/2 Bt House red wine)		( )籃 / pcs		
如意禮籃 Prosperous Hamper NT$ 3,500	年糕 (Lunar rice cake) 1.25kg 貴妃雞 (House marinated chicken)1.8kg X.O.醬 (Kwei Hwa X.O sauce)1 bottle 珍饌鮑(Chef's special abalone) 醃泡菜 (Cantonese pickle)160gm 臘腸 (Chinese sausage) 420gm 巧克力 (Rabbit chocolate)紅酒一瓶(1 Bt House red wine) Half bottle		( )籃 / pcs		

項　目 Item	重量尺寸 Size	單價 Price/NT$	數量 Quantity	小計 Amount
鴻運賀年糕 New year cake	1.25 kg	500		
臘味蘿蔔糕 Turnip cake	1.25 kg	500		
上素蘿蔔糕 Vegetarian turnip cake	1.25 kg	500		
X.O.醬 X.O. sauce	1 bottle 160 gm	500		
貴妃雞 Chicken	1 each 1.8 kg	600		
珍饌鮑 Chef's special abalone	6 each 180 gm	1,500		
臘腸 Cantonese sausage	420 gm	400		
甜核桃 Sweeten walnut	160 gm	250		
醃泡菜 Cantonese pickle	160 gm	200		
花菇 Mushroom	120 gm	400		
巧克力 Rabbit chocolate	80 gm	280		
香檳 Pommery champagne	750 ml	2,000		
紅酒一瓶 1 Bt Inter-Continental red wine	750 ml	2,000		
總計 Total Amount				

Name/訂購人：＿＿＿＿＿＿＿＿＿＿＿Tel/聯絡電話：＿＿＿＿＿＿＿＿＿＿＿ Order Day 訂購日：＿＿＿＿＿ Deliver Day 取貨日：＿＿＿＿＿

Company / 公司：＿＿＿＿＿＿＿＿＿＿＿ Payment/ 付款方式：□Cash現金 □Credit Card信用卡及卡號：＿＿＿＿＿＿＿＿＿＿＿＿＿

圖7-3　新年禮籃訂購單

資料來源：台北華國洲際飯店

(四)餐廳刊物

許多飯店及餐廳都擁有自己的刊物，可以刊登未來的客房及餐飲的促銷活動、近日舉辦的活動剪影、重要貴賓的蒞臨指導、師傅的私房新菜單等。餐廳的刊物除了留部分數量供前來用餐的顧客取閱外，都會固定郵寄給「老顧客」（例如俱樂部的會員）及有潛力的顧客。

第四節　與各部門聯絡及配合

企劃案於前製作業時，主要的策劃人物常常為餐飲部門專門負責企劃的人員，也可能就是舉辦美食活動餐廳的經理，如果範圍擴大到餐飲配合客房，或客房配合餐飲的話，可能負責企劃的單位會轉移至飯店的行銷部門。由前言可看出飯店的分工與專業是很細微的，但是無論是單一餐飲的活動，或是包含客房，甚至包含遊憩（休閒飯店）的活動，均為飯店整體的活動，企劃時需要相關部門的溝通與協助，執行時需要每一個部門員工的努力與配合。以下為某一企業案前後可能會需要的相關部門及協助事項（請參考**表7-8**）。

試想，當一位客人看到報紙上的餐飲美食廣告，已有這麼多的人力運用在每一個企劃案上，常常企劃者手上同時做兩、三個案子是很平常的，只不過進度各不相同罷了。當顧客看到廣告打電話去訂位時，常由飯店的總機來轉接，所以總機必須知道哪一個餐廳將有何美食活動，當顧客走至飯店門口，由門房（door man）開門，

表7-8　餐飲搭配客房企劃案的運作

時間	企劃案進度	企劃案細節	需要部門與事項
三個月前	初稿	初擬合作廠商名單	餐飲部： ・經餐飲部經理認可 ・客房部經理同意搭配意願 ・活動餐廳確定
二個月前	修正稿	確認合作廠商及配合內容	餐飲部： ・與活動餐廳經理聯絡細節 ・外聘美食師傅確認及聯絡細節，包括薪酬、菜單及特殊採買食材 ・與客房部經理商談搭配內容 公關部： ・排選美食節文宣活動，包括刊登媒體的選擇及排期、文宣品的文案、海報內容及文案 設計美工： ・與公關合作，設計文宣品、廣告、海報及活動會場的佈置 財務部： ・協助決定企劃案的各項成本 總經理： ・瞭解工作的進度及給予指導
一個月前	行公文發佈於全館	再次確認企劃內容	餐飲部： ・確認一切活動細節，並於主管會議中傳播訊息，或發公文告知相關單位活動內容及需配合事項，由單位經理傳遞消息至每一位員工 ・確認美食記者會日期及場地 財務部： ・監督企劃案的各項成本 其他部門： ・完成以上工作 設計美工部： ・聯絡企劃文宣品的印刷廠商
二星期前	如有修改，再發文通知	下公文傳遞活動訊息或用e-mail	餐飲部：確認進度 設計美工部： ・催促企劃文宣品的印刷廠商

（續）表7-8　餐飲搭配客房企劃案的運作

時間	企劃案進度	企劃案細節	需要部門與事項
			業務部： ・開始推廣美食活動
一星期前	美食節記者會發文	再行確認所有細節	設計美工部： ・企劃文宣品印刷廠商 採購庫房： ・確認印刷廠送達的文宣品數量 財務部： ・設立新菜品的編碼 餐飲部： ・驗收印刷文宣品 ・接受美食節預約或預售票（訂席人員） ・準備佈置食物道具及員工制服 公關： ・發美食消息稿，並通知記者會時間及地點
前一天	確認每一員工知道活動的名稱及內容	確定餐廳佈置、海報及廚房準備事宜	公關部： ・驗收報紙媒體刊登 ・主導美食節記者會的舉辦 餐飲部： ・於餐廳訓練員工 ・如外聘主廚抵達，需前一天模擬各菜式 ・參與製作
活動當天			公關部： ・驗收報紙媒體刊登及記者會之後的報紙消費稿 餐飲部： ・全員努力，創造業績
活動期間		記錄各項問題於活動檢討會時討論，作為下次改進的參考	公關部： ・驗收報紙媒體刊登 餐飲部： ・視察及驗收活動結果

門房必須知道某餐廳有何美食活動,才可指引顧客正確的路徑。所以,各部門每一個員工的密切聯絡及合作是非常重要的。

第五節　文案撰稿

　　文案的催生者是公關部的撰稿人員,英日文有另外的翻譯員(copy writer),從事文案的創造,平時應對人、物多加觀察,同時必須非常瞭解每一次要促銷塑造的產品,找尋相關的資料來輔助,並根據不同的產品與客層,寫出適合的作品引起讀者的共鳴。

　　西元2000年及千禧年的文案的方向為:重視個人的差異、多元化共榮共存、強調魅力、回歸自然及環保意識、國際界限模糊、公益活動增加、解除各種壓力、電腦普及及運用高科技、單身貴族市場、單親家庭增加、中老年市場、財富之外還有尊嚴等。

(一)新聞稿（中文及英文）

　　將在公共關係的章節中另節錄國內多家飯店的餐飲美食節的新聞稿。

(二)顧客促銷信函

　　參考格式如下:

　　格式一

　　（署名）先生（女士、小姐）:

　　第一段:問候顧客。代表公司感謝顧客過去的愛護與支持,強
　　　　　　調公司的重視。

第二段：陳述餐廳目前的促銷活動及內容：例如開分店、折扣
　　　　活動、美食活動。

第三段：訂餐聯絡人、分機。未來仍需顧客的支持。歡迎隨時
　　　　提出建言。

第四段：信末敬語。例如：敬祝生意興隆、順頌商祺等。

格式二

（署名）先生（女士、小姐）：

第一段：問候客人。感謝顧客過去的愛護與支持。

第二段：說明原因及內容，為何要邀請？例如：週年酒會、美
　　　　食活動、促銷活動。

第三段：詳細列出活動的細目：日期、時間、地點、邀請人、
　　　　穿著、憑券入內等。

第四段：重申盛情邀約之意，務必賞光。未來仍需要顧客的支
　　　　持。

第五段：信末敬語。

（新聞稿）

　　　花香入味作料理　　時令海鮮好滋味

　　　台北福華　　讓您的味蕾飽嘗初春滋味

　　當東京的靖國神寺浸染在粉白與粉紅的櫻花色彩中，日本的櫻花季也正式宣傳來臨。每年的三月至五月，櫻花的色彩在日本，由北到南蘊釀一股溫馨的節慶氣氛；人們群坐在落英繽紛的公園草地上，享用著以櫻花作為食材的各式餐點。「櫻祭料理」在春季裡以櫻花的「色、形、味」推出的應景日本料理；帶一點杏仁味的櫻花，溶入季節的時材中烹調，搭配其清淡自然的原味口感，或是取花之形與色來妝點佳餚。

　　台北福華的海山廳，自日本空運製作櫻花料理的特製食材有日本米、筆薑及淡水的櫻花蝦等，再聘請在日本廚藝界浸淫二十七年的仁王頭秀信大師傅為主廚，設計出一道道結合台灣口味又不失日本風味的櫻花料理。此次3月15日至31日的櫻祭料理，建議的餐前酒是採用具有櫻花色澤的梅酒，主菜部分以精選的鯛魚與鮪魚生魚片盛在雕琢成櫻花形的白蘿蔔中，再搭配肉質鮮美的淡水櫻蝦與素炸白魚，將春季出產的時令鮮味，搭配得美味無比。

　　配菜方面也極為用心，諸如看似簡易的青豆濃湯，是以青豆仁打散熬煮，加入魚漿後，再將百合根染成紅色呈櫻花的瓣狀。其他還有以進口的日本米內包蠶豆，及將生香菇切成花瓣狀底鋪魚漿配料，每一項都是經過創意及巧思而成。

　　要想在初春之際享受櫻花盛宴，除了美食之外，也可以參加抽獎活動，頭獎為日本東京的來回機票，敬請您預先訂位，訂位專線（02）270023235轉訂席中心。

　　消息聯絡人：公關部 Monica Hu

　　　　　　　電話（02）27002323

　　　　　　　傳真（02）27202323

資料來源：台北福華飯店

第六節　記者會

一、記者會

　　關於記者會的日期，必須要謹慎地決定，因為記者先生小姐們，每天均有不同的重要事件需要去做採訪，飯店餐廳的美食活動並不一定是「多大的消息」，所以要事先與記者們確定記者會的同一天，並無其他重要的記者會同時舉行，造成記者朋友們無法分身及趕場的遺憾。另外，記者會的現場佈置，以能凸顯出活動的主題為原則，場地不需太大，但需要在場地內設立一個接待桌，給記者們簽名及放名牌用。美食節的記者會，可以在場內擺設秀菜的桌子及師傅表演的場地，

　　記者會除了在現場發放媒體資料袋給文字記者朋友們，另一個重點就是讓記者們親自品嘗即將舉辦的美食節精華菜餚，這部分餐飲部的負責人員會細心安排，但是不要忘記記者朋友們是在百忙之中抽空前來，並且還是在上班的狀況下採訪美食新聞，所以不應設計冗長的套餐，大部分的記者們都無法吃完整套餐，有的甚至還沒有吃就必須趕赴另一個地方採訪。

二、記者會的準備事項

　　大多是為餐飲部或客房部的促銷活動準備的活動，公關部須完

成負責記者們的邀請、聯絡、確認及迎接，相關的餐飲部或客房部則需要派活動的相關人員、大廚師及餐廳的經理在記者會的現場，解答記者們的問題，也可充當招待人員。

(一)公關部門的準備事項

1. 各大媒體記者名單：隨時與各大媒體聯繫，如果發現換人跑「民生」或「消費」時，立刻更改邀請的名單，才不會造成請錯人的狀況。
2. 記者會簽到簿。
3. 媒體資料袋： 內含活動消息稿、照片、小禮物、車馬補助及免費停車券等。
4. 名牌。
5. 會議司儀或主持人。
6. 現場招待。
7. 抽獎的獎品。
8. 車馬補助費。

(二)餐飲部門的準備事項

1. 預訂記者會的場地。
2. 聯絡及確認相關活動的搭配廠商，前來共同參與促銷。
3. 以公文通知記者會配合的部門：美工部負責佈置場地；工程部負責準備器材及音響。
4. 設計美食節記者會的專用菜單及製作菜卡。
5. 主廚的介紹內容及名廚秀。
6. 特殊菜色及活動介紹。例如日本美食節安排表演茶道、夏威

夷美食節表演草裙舞。

7.表演節目的安排。

8.支援現場的招待人員。

9.準備免費停車券。

—第八章—

公關與媒體

第一節　公　關

公共關係（public relationship）簡稱公關或PR，美國公共關係專家，曾經將公共關係的定義整理為四大類：公共關係為——

1. 企業機構經過檢討與改進，將態度公開於社會，藉以獲取顧客、員工及社會的認同與好感。
2. 一個組織或一個人，針對大眾的興趣，調整政策及服務方針，以獲得大多數人的認同、信任與歡迎。
3. 工商管理機構，調查大眾是否瞭解或接受企業的政策與服務方針。
4. 一種技術，目的在促進大眾對組織或個人的瞭解，進而產生信賴與好感。

公共關係也有其他不同的分類，有組織公關與個人公關之分，也有對內公關及對外公關之別，還有以營利事業公關與非營利事業公關區別，但一般的規則可分成企業公共關係和政府公共關係兩個類別。本章節所要探討的是餐旅企業的對內及對外的公共關係。

餐飲業運用公共關係的目的不外乎與顧客、員工、相關企業產生良好的溝通與達成共識，最後產生員工有向心力，產品受歡迎而大賣的結果。所以公關的功能非常重要，有時效果不是短期所能看出的，但經年累月在不知不覺中常會造成意想不到的效果，餐飲公關的功能有：

1. 創造新的消費習慣：透過喚起消費者潛在需求、企劃與支持新產品的銷售、推廣及廣告的效果等，使消費者在不知不覺的流行中，產生新的消費習慣。例如西洋式下午茶的推廣，習慣喝中國茶的國人，已慢慢養成午後喝杯咖啡及小點心的習慣。

2. 需要的維持與擴大：利用公關活動及技巧，增加既有產品的包裝魅力，和開發產品新的詮釋及用途，來擴大消費者的需求。

3. 消費品質的保證：公關被認為是第三者的證言。這裡所謂的第三者是指大眾傳播或企業領袖而言。意即公關居於第三者的客觀角色，培養消費者的產品知識與對產品品質的要求，是引導消費者選購產品的得力助手。餐飲界常戲稱，「顧客是需要被教育的」，其實就是指以上所述。

4. 促進銷售：透過公關活動可以提高產品的知名度。知名度增加幫助有營業額壓力的銷售員的銷售意願，對消費者也產生購買需求及意願。促進銷售的具體作法有提高銷售員士氣及有效的公關活動企劃與執行。

第二節　公關部門

公關在飯店的解釋是整個餐廳或飯店的發言人，形象為具耐心且和善有禮，工作內容是豐富多元化且具挑戰性。因工作性質常需接觸不同的人，語言能力是必備的。公關必須配合媒體記者的時間，故需晚上加班，一天上班十至十二小時是常有的事。另外工作

的機動性也需很強,因每天有許多不預定的訪客、電話或突發狀況需要公關出面解決。因此,公關的應變能力需要很強,並能辨別事情的輕重緩急並逐一解決。

一、人事組織

一般小型飯店或餐飲機構會把公關併入行銷業務部門,或直接由處理顧客事務最多的外場經理來勝任公關的角色,但是在大型的飯店,公關必須對員工、顧客、傳播界、政府議會等,對象及人數眾多而必須獨立出部門來專門行使公關的職責。本章節以中型飯店(三百個房間)的獨立公關部門為例來說明其組織架構(參閱圖8-1)。

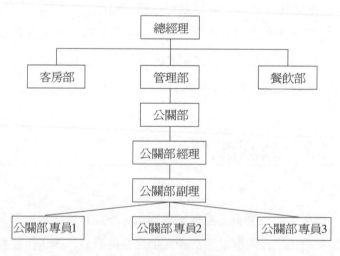

圖8-1　公關部門的組織圖

(一)公關人應具備的能力

身為公關人的一份子，必須瞭解企業對內及對外的策略。做好個人公關，再進一步依照公司的目標，完成對外一切公關事宜，以下五點為餐飲業公關人員必須具備的工作能力：

1.策劃能力：策劃之活動的新聞性要強，富創意，夠吸引人。
2.主持能力：餐會、晚會、大型酒會、員工尾牙餐會。
3.內部公關：統籌、溝通協調、指導及配合各部門。
4.外部公關：顧客及媒體的管理及運作。
5.廣告業務：
  (1)有些飯店外包給廣告公司，公關只負責監督。
  (2)公關負責從文案、選媒體、排定媒體排期、作完稿、看打樣、對照媒體排期（或稱cue表）、監督是否如期刊出，最後是所登媒體前來請款，大約是下一個工作月之後。

(二)公共關係的工具

公共關係因種類不同、目的不同、對象不同，所使用的工具也會不同。參閱表8-1可發現到，當公共關係的目的是在於製造話題時，可以運用音樂活動、文化活動、公益活動等較為適當；如果公共關係的目的是在塑造形象時，可運用體育活動、文化活動、支持活動、音樂活動及公益活動，而此時要注意的是效果往往在短時間內是看不出來的，需要一段時間及持續不斷的努力，以加強顧客的認同與印象。各飯店往往運用特殊、有名氣的顧客來作為飯店的公關題材人物，例如晶華飯店的麥可傑克森、西華飯店的柴契爾夫

表8-1　公共關係的目的與工具

公共關係的目的 / 公共關係的工具	對內公關		對外公關			
	員工	股東	製造話題	塑造形象	顧客	傳播
1.電話	V	V			V	V
2.集會	V V	V V	V	V	V V	V
3.定期刊物	V V	V V			V V	V V
4.公告欄	V V	V V				
5.海報	V V	V			V	V
6.提供資訊	V V	V V			V V	V V
7.影片/幻燈片	V V	V V			V	
8.公開參觀	V	V V			V V	V V
9.小冊子	V V	V			V V	V V
10.記者會		V	V	V	V	V V V
11.產品發表會		V V	V		V V	V V
12.音樂活動	V V	V	V V	V V	V	V
13.體育活動	V V	V	V V	V V	V	V
14.文化活動	V V	V	V V	V V	V	V
15.提供新聞稿				V	V	V
16.廣告			V V	V V	V V	V V
17.公益活動	V	V	V V	V V	V V	V V
18.支援服務				V V	V V	V V

註：打 V V 表示效果較好

人、福華飯店的達賴喇嘛，特別注意的是飯店的公關題材人物，也必須配合其企業的文化及形象。至於對內公關的員工關係，可採用音樂活動、體育活動、提供資訊、集會、定期刊物（例如英文月刊 *Hotels*，國人的旅館月刊、飯店或餐廳內部的刊物）、員工公布欄、海報等。

二、公關部工作職掌

有些飯店公關部門隸屬於業務部門或自己獨立出來，主要的工作內容分為對內與各部門聯繫（內部公關）及對外與媒體進行聯繫。

(一)對內公關

1. 每天中午以前將當天各大報（十三份）的飯店活動、政令相關訊息過濾完畢後，並將前一天的報紙過濾剪貼。
2. 每月第三週檢閱前一月消息稿的曝光率。
3. 與各部門溝通合作，共同完成各項業務及創造公司良好企業形象。
4. 飯店內刊物、音樂的安排（由總機使用播放）與選購，基本上每年需添購一次。

(二)對外公關

1. 與媒體維持經常性關係，並隨時掌握線上記者資料。
2. 隨時掌握飯店內各項重要活勤，並發稿供餐廳雜誌刊登。
3. 依各餐廳所推出的餐飲活動撰寫各式文稿。本章第四節中將有許多參考範例。
4. 廣告刊登，雜誌於每月10日前截稿。報紙最慢也需三天至一個星期，否則無法看到打樣及顏色對比。
5. 飯店房客之相關事宜：VIP歡迎、照像、生日花、生日卡、感謝函、道歉信、新聞信等。

6.美食節活動期間對外活動的宣傳。

7.餐廳雜誌寄發對象的檔案整理。

8.餐廳雜誌內容上網際網路（internet），自動化回傳系統（auto-fax），付費電視（pay TV）的螢幕中。

9.年度性印刷物品製作、確認及採購，例如生日卡、聖誕卡、月曆、筆記本。

10. 國內外廣告的安排與製作。

11. 美食節、慶祝酒會等大型活動的推廣與協調。

12.召開記者會。

13.文宣照片拍攝事宜之聯繫。

(三)其他工作細則

1.餐廳雜誌：每月1號為截稿日，由餐飲部、櫃檯部、房務部等單位提供相關訊息，交公關統一撰稿後連同照片呈總經理認可後再發稿。每月20日以前，將餐廳雜誌寄予寄發對象。

2.廣告事宜：國內廣告版面的安排與製作，待確定刊登主題、版面大小、刊登媒體及刊登日期後，由公關撰稿轉交設計室完稿後，呈總經理批准後刊登。

3.媒體聯繫：

(1)不定期為飯店內各餐飲活動撰寫新聞稿，搭配照片提供給各大報，惟發稿前需經總經理過目認可。

(2)各餐飲美食活動舉行之前，需安排媒體記者。如採訪媒體前來個別採訪時，由公關與該單位主管認可後，直接提出採訪單予該單位。

(3)重要年節期間，視情況安排禮物或餐券送發。隨時與線上

記者保持電話聯繫，各餐廳依節令推出餐飲活動，再視情況邀約前來試菜。

4.文宣用品：

(1)使用單位依活動推廣內容，提出「文案申請單」（參考表8-2）予公關，待文案完後，連同「POP申請單」交設計室完稿，待確定數量後，開單予採購送廠印刷。

(2)歡迎房客信函撰寫完成並交翻譯員翻譯後，由總經理過目後發出，其份數則可逕洽房務部。

(四)公關檔案

各類公關檔案可調閱部門如下所述：

1.剪報資料類：各部門登記後可攜出。包括餐飲市場資料、旅運資訊、台灣地區各大飯店相關資料、各飯店及餐廳的雜誌最新訊息為餐飲競爭者的相關訊息，餐飲單位及飯店部門主管皆需知曉。另外各飯店創意廣告稿，可提供公關美工參考。

2.廣告合約、帳務憑單：不對外借閱。原因為合約內容及折扣為商業機密，不可外洩。另包括廣告預算、廣告支出帳單及各媒體合約價。

3.消息稿、對外發文及函：僅供相關業務人員查閱。

4.名片檔／媒體明細： 僅供相關業務人員查閱，包括廣播／報紙／雜誌／有線電視、旅行社／航空公司／廣告公司及各大飯店／其他。

表8-2 文案申請單範例

申請部門／餐廳	餐飲部日本料理廳	申請人	
主題	日本櫻花祭	申請部門主管簽核	
預定交稿日期	02/20/99		
文案的使用種類			
媒體新聞稿	☐中文	☐英文	☐日文	☐其他
海報文宣	☐中文	☐英文	☐日文	☐其他
飯店餐廳雜誌	☐中文	☐英文	☐日文	☐其他
客用宣傳品	☐中文	☐英文	☐日文	☐其他
其他	☐網路	☐促銷信函	☐_____	

推案的內容摘要：

美食名稱：櫻花祭（設計標準字體）

1. 3/15-3/31於日本料理餐廳盛大推出，特聘請日本飯店日籍大廚前來指導，帶領食客進入東洋美食，領略美與藝的境界。日式現場烹調服務，日本風味的燒烤、鐵板燒、煮物，還有最新鮮的生魚片及現包的手捲及壽司。

2. 隨餐附贈日本大廚師特挑選的傳統櫻花茶，與美食搭配；現場另有傳統的日本妓藝表演，時間為中午12:00-12:20及晚間20:00-20:20。

3. 特色為關西料理。

4. 售價：午間自助餐成人每位NT$550，兒童每位NT$450
　　　　晚間自助餐成人每位NT$700，兒童每位NT$600
　　　　另需加一成服務費

5. 凡點用上述餐飲項目者，皆可兌換抽獎券乙張，獎項包括中華航空公司台北東京來回機票，三多利禮盒等。

6. 於此促銷期間，至日本料理餐廳用餐者，即可免費報名參加 3/31日的日本名廚名菜示範會（限名額五十名）及3/31晚間八時的大抽獎。

7. 訂位專線。

公關撰稿人：

公關部主管簽核：

總經理簽核：

註：請參考第八章第四節由公關已經完成的新聞文案稿

三、公關之危機與緊急事件處理

在企業危機或緊急事件發生時，公關的角色就更為重要了。如何維持一貫的形象，安然度過難關，則有賴公關人員冷靜、謹慎地處理。此時此刻公關需要具備四個條件：

1. 環伺左右：隨時有人待命、值勤，以示負責。
2. 沉著冷靜：處理事情的態度須不疾不徐、不卑不亢。
3. 掌握真相：蛛絲馬跡，無一掛落。
4. 靈機應變：反應快，可隨時應付各種情況。

如果企業在有緊急事件處理下，仍然有不可避免的災害時，餐飲公關人員必須力行下列七件「必須做的事」與四件「不能做的事」：

(一)七件必須做的事

1. 餐飲企業必須授權給一位公司的發言人。飯店通常為飯店的總經理或其職務代理人。
2. 迅速提供正確的消息給受害者的家屬。
3. 一經查明後，主動提供確實資訊給媒體。
4. 允許且隨侍記者和攝影師接近安全地帶。
5. 運用各種溝通的管道提出事實，以駁斥謠言。
6. 強調餐廳過去的安全記錄及平日注重意外防範的措施。
7. 當事件結束後，告知媒體危機已解除，且新的預防措施已重

新規劃。

(二)四件不能做的事

　　1.將事件擴大渲染。

　　2.真相未證實前，不可隨意散佈消息。

　　3.損害未鑑定前，不可臆測損失的金額及重建的費用。

　　4.在未通知其最親近的家屬前，不可公布受害人的基本資料。
　　　如食物中毒、火警鈴響或是停電等突發狀況。

第三節　媒　體

一、媒體企劃

　　企業需選擇適當的媒體來傳遞廣告的訊息，稱為媒體企劃
（media planning）。包括下列三部分：瞭解媒體的特性、選擇適的
媒體及決定廣告刊播的時間。**範例8-1**為國內某中型飯店即將開幕
試賣前的媒體企劃範例。

┌ **範例8-1　某飯店開幕期間國內媒體企劃及預算計畫** ┐

　　預定10月23日進入試行開幕階段，因此，廣告的安排除確定試
賣日當天安排刊登上報紙稿外，雜誌稿的安排則以11月下旬起最為
適當，廣播部分則以全省網的I.C.R.T.及台中地方電台的全國廣播

為主。

一、預算計畫設定期間：1999年10月23日至1999年12月31日

二、媒體運用：

1.報紙：《中國時報》、《聯合報》、《工商時報》、《經濟日報》、《台灣日報》、《民生報》、CHINA NEWS、CHINA POST。

2.雜誌：《商業周刊》、《天下》、《財訊》。

3.廣播：全國廣播（台中地方電台）、I.C.R.T.。

4.電視：以台中地區有線電視台為主，此部分暫無費用發生。

5.其他：HOTEL INDEX之類的廣告；例如《台中市觀光指南》、《台灣觀光月刊》。

三、媒體執行：10月23日至11月30日客房、餐飲訊息同時安排，但以客房優惠為主打。12月1日至12用31日以餐飲訊息為主打、聖誕大餐、新年特餐等。

1.報紙稿：此階段報紙類的廣告表現，圖片方面將以台中飯店的外觀為主，並請美工安排合宜的圖片表現客房及餐飲；文案方面，則以台中飯店即起試賣的訊息，並搭配客房推廣特惠價促銷專案為主。

(1)版面安排：以10月23日作為基點（報紙部分的廣告，應儘量安排於星期一至星期五見報為主）。除開幕當天須上（《中國時報》、《聯合報》）全國版外，之後的客房特惠及餐飲訊息，則以台中地方版為主。安排刊登日期1995年10月23日。

(2)廣告主題：SOFT OPENING、客房推廣特惠案、聖誕節三部分。

(3)選擇報紙：

《中國時報》	全十1次（全國不指定版）	241,500×1＝241,500
	全三2次（中區外頁版）	57,960×2＝115,920
		共 $ 357,420
《聯合報》	全十1次（全國不指定版）	241,500×1＝241,500
	三全2次（中區外頁版）	57,960×2＝115,920
		$ 357,420
《工商時報》	全十1次（外頁版）	186,830×1＝186,830
	全十1次（外頁版）	186,830×1＝186,830
	全三1次（外頁版）	56,049×1＝ 56,049
		$ 429,709
《經濟日報》	全十1次（外頁版）	192,435×1＝192,435
	全三1次（外頁版）	57,730×1＝ 57,730
		$ 250,165
《台灣日報》	全十1次（第一版）	165,750×1＝165,750
	全三3次（第一版）	49,725×3＝149,175
		$ 314,175
《民生報》	1/4 PAGE（外頁版）	32,000×2＝ 64,000
CHINA NEW	全十1次（外頁版）	64,000×1＝ 64,000
CHINA POST	全十1次（外頁版）	92,400×1＝ 92,400
	1/4 PAGE（外頁版）	46,200×2＝ 92,400
		$ 184,800
《民生報》	全十1次（平日外頁版）	245,000×1＝245,000
	全三2次（五-日外頁版）	73,500×2＝147,000
		$ 392,000
		TOTAL： $ 3,347,299

2.雜誌稿：完稿的表現方式，除將客房、餐飲以1：1的比例作
安排外，可另外利用截角致贈餐飲折價券或咖啡券之類的
coupon增加來客率，或設計簡式問券（客房市調）憑回函致
贈餐飲抵用券。

(1)《財訊》：1/2內彩1次(12月份)　　　80,000×1＝80,000

(2)《商業周刊》：內彩1/2頁3次　　　　50,000×2＝100,000

　　　　　　　　　　　　　　　　　　（11/27,12/18）

(3)《天下》：內彩頁1次（12月份）

　　　　　　　　　　　　　　　210,000×1＝210,000

　　　　　　　　　　　　　　　TOTAL：$440,000

　　月刊的截稿日期，大約為前一月份的20日左右，如無法安
　　排攝影提供照片，因此於12月份起刊登雜誌稿為最適宜。

3.廣播稿：從12月初開始上，每日六檔，暫排二十天，共計一
　　百二十次；每檔三十秒，預估費用400,000元，錄音製播費
　　5,000元。全國廣播電台（中部地方台），因日前與餐飲部已
　　訂定廣告合約，尚餘二百七十檔廣告可供使用，因此年底前
　　暫不安排。

4.電視：三台CF製播成本高，不列入考量。台中地區有線電視
　　將先與其新聞部作聯繫，以新聞性的方式報導即可。

5.其他：

　(1)《台中市觀光指南》：內彩一次$30,000×1＝$30,000此刊
　　　物一年出版一次，性質類似INDEX，所以一定要安排。

　(2)《台灣觀光月刊》：出刊一次$7,500，一年十次共
　　　$75,000，因配合11月份國際（ITF）旅展，將增加印製數
　　　量於會場贈閱，因此可於11月份起安排刊登。$7,500×2＝
　　　$15,000。

　※媒體參考價格來源1994年10月份媒體手冊，稅前價總預定
　　媒體費用$3,254,439

二、媒體評估

(一) 評估媒體的準則

　　行銷人員需注意是否有調查公司提供客觀公正的媒體相關數據，但其中發行量的數據部分仍無法避免部分業者自畫大餅的現象，需特別小心求證。至於評估媒體常用的準則可分量與質的因素，如表8-3。

(二)發行量

　　雜誌出版商必須改善出版的品質來獲得利潤。而發行量代表許多出版商收入的主要來源，他們必須仔細考慮吸引與維持讀者所需的成本。

　　國內雜誌的發行量大部分是由各媒體發出，可信度不高。以下列出國內發行量有一定數量的雜誌，已被國內餐旅業者普遍使用。

1. 《天下》。
2. 《遠見》。
3. 《錢》。
4. 《皇冠》。
5. 《美華》。
6. 《商業周刊》。
7. 《時報周刊》。
8. 《新新聞》。

表8-3 評估媒體的準則

量的因素	質的因素
1.發行量（circulation）：平面媒體發行的總份數。或收視（聽）率（rating）：收視或聽的總人數或家庭數	1.廣告總量：是否會擁擠
2.普及範圍（coverage）：普及率	2.媒體特性：是否與廣告特性契合；是否符合產品的形象；是否可吸引消費者
3.觸及率（reach）：接觸到廣告訊息的閱聽眾人數	3.閱聽眾組成：是否與目標市場一致或接近
4.單位成本（unit cost）：每一單位版面或時間（秒數）的媒體收費。或以每千人成本（CPM）的基礎來測出（每一讀者的平均成本）	4.訊息的耐久性：廣告的生命期間與暴露給相同顧客的可能性
5.頻率：潛在顧客暴露在某廣告或廣告活動的平均次數	5.說明影響力：廣告說明顧客呼應廣告刊登者的目標能力
	6.前置時間：設計廣告與廣告實際出現在媒體的時間間隔。雜誌的時間長，報紙的時間短。前置時間越短，媒介的彈性會越高

9.《卓越》。

10.《黛》。

11.《財訊》。

12.《管理雜誌》。

13.《突破》。

14.《薔薇》。

15.《仕女》。

(三)閱讀率

以報紙為例，國內報紙的被閱讀率從高到低大致排列如下（台中福華飯店公關部，1996）：

1. 《聯合報》。
2. 《中國時報》。
3. 《民生報》。
4. 《自由時報》。
5. 《聯合晚報》。
6. 《台灣時報》。
7. 《中時晚報》。
8. 《民眾日報》。
9. 《大成報》。
10. 《經濟日報》。
11. 《中央日報》。
12. 《中華日報》。
13. 《工商時報》。
14. 《台灣新生報》。
15. 《自立晚報》。

三、媒體的類型與特性

企業已較少利用單一媒體來進行廣告宣傳，一般的媒體策略皆採用混合多個媒體組合（media mix）；媒體組合是指有效地組合廣告媒體，來提高廣告的傳達率。表8-4及表8-5依媒體的類型來說

表8-4　媒體特性及其優缺點

媒體的類型	普及範圍	優點	缺點
無線電視	全國性，普及率100%	1.傳達廣告 2.適用於新產品，造成流行 3.效果快 4.具有同時性	1.成本高（播放及製作） 2.僅適用於一般性的產品 3.廣告擁擠 4.播出時間短
有線電視頻道	全國性，普及率差異大	觀眾區域性分格明顯，適地區性廣告	1.部分家庭未裝設 2.某些頻道普及率低
有線電視系統	地方性，都會普及率較高	適地區性廣告	廣告頻道收視率低
廣播	全國性或地方性	1.成本較低 2.製作成本低 3.聽眾容易區隔 4.較不受時間、地點的限制	1.不適做詳細介紹 2.收聽率問題 3.缺乏視覺刺激
報紙	全國版，地方版	1.發行量大，讀者多 2.媒體價格低 3.可依地方版、全國版、日報及晚報做有連續且有計畫的刊登 4.具有當日的時效性 5.報紙的信賴度，可提升產品的地位	1.生命期短 2.印刷品質不佳 3.廣告與新聞分區編排，降低被閱讀的頻率 4.閱讀客組成一般化
雜誌	全國性、地方性或專業性	1.可一次提供大量訊息 2.保存時間長，傳閱率高 3.印刷品質好 4.閱讀客層明確，廣告效應佳	1.時效不如報紙 2.前製作業時間長 3.暢銷雜誌廣告擁擠且費用高印刷品質不佳

（續）表8-4　媒體特性及其優缺點

媒體的類型	普及範圍	優點	缺點
直接郵寄	可選擇	1.針對目標市場提供個人化的廣告 2.設計變化豐富，新鮮感高	1.成本高（製作及郵寄費） 2.閱讀率有限 3.易被認為是「垃圾郵件」，破壞產品形象
戶外媒體	可選擇	1.有地區性區隔 2.可長期且重複傳遞訊息 3.普及性強 4.成本較低 5.獨立性強，不受其他媒體影響	1.文案少，內容有限 2.易破壞市容 3.閱讀客組成一般化
交通媒體	可選擇	1.同戶外媒體 2.車內外皆可	同戶外媒體
傳單	地方性	1.成本低 2.可彈性運用	1.形象不佳

表8-5　小眾媒體的優缺點

小眾媒體	優點	缺點
招牌	吸引有興趣的消費者	廣告擁擠
店頭廣告(POP)	有直接的效果；較活潑	閱讀客有限；較適合零售業
公關贈品	閱讀客有明顯的區隔	被注意的程度低
燈箱	長期接觸；重複接觸	閱讀客一般化；訊息內容有限
汽球	吸引注意	閱讀客一般化；訊息內容有限
電腦網路	媒體費用大多由閱讀者負擔	無法選擇閱讀客

明其特性及優缺點。

四、媒體選擇與排期

(一)媒體選擇決策

　　媒體的選擇（media selection）將決定媒體的組合及媒體的排期（media scheduling），針對各種媒體的特性，選擇自己產品適合的媒體，來決定所用的媒體種類、媒體名稱及比重與頻率。以上的選擇也需配合廣告的目標、公司預算及產品的特性等。**圖8-2**表示媒體決策的架構。

(二)媒體選擇程序

　　廣告計畫的成功與失敗，要藉由選擇最佳的廣告媒介來傳播資

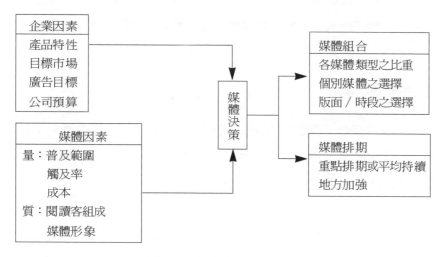

圖8-2　媒體決策的架構

訊,其媒體選擇的程序是:

1. 目標市場的媒體習慣:收視或收聽。如大台北區分散的餐飲客層,可以利用地區性的報紙(台北市)、台北廣播節目、台北的無線電視頻道、直接郵寄、室外廣告、公車廣告。

2. 廣告產品的定位,結合促銷及廣告的目標,來選擇適合的刊物。例如冬季火鍋走大眾消費,選擇美食新聞雜誌來刊登。

3. 評估媒體的效益:如前述表8-3評估媒體的準則。

4. 相關的優點及缺點:比較其優缺點。

5. 廣告創意:除了餐廳服務氣氛與菜色的誘惑,是否還有別的創意?

6. 與競爭者的媒體配置:通常市場的領導者所花費的廣告費用是最多的。應該對競爭者選定的媒體做某程度的回應。

7. 廣告的預算:依餐廳營業的規模而不一定,一般餐廳飯店的廣告預算均十分有限,約為全年營業額的3%-5%,所以必須選擇成本小且經濟的媒體工具。餐飲只有速食業的麥當勞長年進入排名前一百名。

(三)媒體排期

應於何時,使用何種頻率刊登廣告,有以下三種方式可以選擇,如果產品的需求無季節性,則媒體可採用平均持續排期,將廣告預算平均分攤到各個月份上。

1. 集中式:所有廣告出現在餐飲促銷活動的前二天及當天。

2. 連續式:所有廣告以連續式的方式安排在整個規劃期中。例

如餐廳的形象廣告，將定期出現在雜誌媒體中。

3.階段式：在一段特定時間內，用間歇方式刊登廣告。例如喜宴專案的廣告，將只在旺季前打廣告（喜宴旺季是3、5、10、11、12、1、2月）。

　　如餐廳及飯店的形象廣告無分季節，如產品有分季節性，則須做重點排期，如餐廳的美食節、販賣月餅及粽子的廣告均有時效及季節性，在做年度廣告預算及媒體排期時，均需預排預算金額及短期密集頻率地打廣告。以下為餐廳可能的媒體排期範例（請參考**範例8-2**、**範例8-3**）。

專欄8-1　　網路媒體 ●●●●●●●●●●●●●●●●●●●●●●●●

　　網際網路事業大約可分為媒體（media）、社區群體（community）及商務（commerce）三種型態。媒體網站主要提供網友各種資訊及新聞；社區群體（簡稱社群）類則提供交友、談天等服務，如各種的聊天室；而商務類則以提供電子交易為目的，例如郵購網路。

　　不同類型的網站其經營方向也不相同：媒體網站多以廣告業務來平衡；商務網站以線上電子交易金額為主要方式。目前國內網站的經營模式有三：

1.連名（co-branding）：策略聯盟的一種。結合會員、廣告抽成等方式。

2.促銷（promotion）：大多使用刊登廣告或贈品的方式。

3.合併：大併小，或運用相關企業的利基。

活動名稱	耶誕節廣告					
活動時間	88年12月24日至12月25 日止					
製表日期	88年12月6日					
媒體	素材	版面	次數	費用 NT$	備註	媒體露出 時間
《聯合報》	半十批	外頁	2	64,000 （未稅）	中部版當天搭配 一則，新聞稿+圖片	12/17 12/21
《民生報》	半十批	外頁	1	28,000 （未稅）	中部版	12/18 or 12/17
《民生報》	7.2× 23.4cm	耶誕專輯	1	9,400 （未稅）	中部版	12/21
《中國時報》	半十批	專刊	1	32,500 （未稅）	中部版	12/17
《中國時報》	半十批	外頁	1	32,500 （未稅）	中部版	12/14
《經濟日報》	半十批	外頁	1	36,385 （未稅）	中部版	12/14
《台灣日報》	半十批	外頁	1	47,476 （含稅）	中部版刊一送一， 且贈週四飲食天地	12/13
China News	25.9× 17.7cm	專刊	1	22,400	中部版 （未稅）	12/14
China News	1/16 page	內頁	2	5,000 （未稅）	全國版	12/20-12/21
台中廣播	30秒	FM100.7 青春之歌 20：20	33次	5,000 （含製作）	廣告交換	11/22-12/24

製表：

小計：NT$280,400

稅金：NT$14,020

合計：NT$294,602

範例 8-3──尾牙專案媒體排期

活動名稱	99金裝尾牙暨'97金裝春酒專案						
活動時間	即日起至89年3月5日						
製表日期	88年12月6日						
媒體	素材	版面	次數	媒體露出時間	費用	備註
《聯合報》	半十批	外頁	1	12/28（暫定）	32,000（未稅）	北部版（贈送一則新聞稿+圖片）
《民生報》	半十批	外頁	1	1/8	28,000（未稅）	北部版
《中國時報》	半十批	外頁	1	12/27	32,500（未稅）	北部版
《經濟日報》	半十批	外頁	1	1/4	36,385（未稅）	北部版
《台灣日報》	半十批	外頁	1	12/27	耶誕廣告（刊一贈一）	北部版
China News	1/16page 2column ×5inch	內頁	2	12/27、12/28	5,000（未稅）	全國版

製表：

小計：NT$133,885

稅金：NT$ 6,694

合計：NT$140,579

第四節　餐飲消息稿範例

餐飲消息新聞稿「News（Press） Release」是指與餐飲組織有關的簡短文稿，希望藉此引起媒體的注意，達到使媒體對該新聞稿進行報導的目的，是目前被各餐廳飯店廣泛使用的免費廣告。

一、新聞稿的撰寫

撰寫新聞稿時，應由一段對該篇重點扼要敘述的段落開始，使忙碌的文字記者，馬上可以明瞭5W+1H——何人（who）、何事（what）、何時（when）、何處（where）、原因為何（why）、如何舉辦（how）。列舉數個餐飲相關新聞消息稿**範例8-4**至**範例8-8**給讀者參考。

(一)新聞稿的規則

餐廳在發出有關餐飲消息稿時，應用正式的商業書信寫法，並使用有餐廳或飯店名稱的信紙印製，其他相關的細節如下：

1.必須是具有時效的報導價值。
2.寫明新聞聯絡人、電話、傳真。
3.應有一個具新聞性的標題。
4.使用餐廳飯店專供新聞稿使用的紙張印製。
5.如需引述他人言論，應先取得同意。

6.文句精簡勿咬文嚼字，以不超過兩頁為原則。

7.中文不可有錯別字，英文應避免文法上的錯誤，並用雙間隔
（double space）格式。

8.註明發稿日期及餐飲活動日期。

(二)新聞稿後續追蹤

新聞稿聯絡人必須準備稿件發出後，隨時回答相關媒體的電話
詢問或深度專訪。餐飲方面可以充當此任務的，除了公關部人員之
外，還可以有餐飲的相關人員參加，例如餐廳的經理、餐飲部的主
管及辦理活動的主廚，因為或許他們比公關人員更能回答餐飲的專
業問題。

消息稿的登出率可以反應出公關部門平時與媒體的互動關係，
公關部的新聞聯絡人員將密切注意發稿後的曝光結果，呈報給上級
知曉。如果長期效果不好的話，可以考慮與公關公司合作，因為後
者與媒體的關係及專業度均比飯店餐廳的公關人員要更專業。

範例 8-4——日本美食節春季活動：春之宴

台北遠東國際大飯店七樓「燦鳥」日本廳，四月份美食活動推出「春之宴」，邀您初春時節品嘗日式傳統珍食饈—懷石料理套餐。生魚片有鮪魚、斑節蝦、生干貝加上魚卵，再配上現磨山葵。冷盤由魚子醬加蟹膏、柿餅加海膽等高級食材製成。煮物是用小火頓煮八小時，入口即化的日本香魚。壽司夾入了水蜜桃、鳳梨、蟹肉及特製醬料，清淡爽口。特別的是，「燦鳥」所提供的茶——玄米加抹茶，味道十分清新，在別的地方可是找不到的唷！每位2,500元（另加一成服務費）。

發稿人：公關部

電話：（04）8888-8888

傳真：（04）6666-6666

資料來源：台北遠東國際大飯店

範例 8-5 ──日本美食節春季活動：櫻花祭

櫻花祭──日本美食之旅

　　歷經寒冷的冬季　　乍見櫻花綻開

　　北國之春的絢麗風華　　與您邂逅在台中福華

　　櫻花是日本的國花，它不但具有一種優柔秀麗的美感，也代表著日本人對雅緻之美的欣賞及追求，因此，日本的餐飲自然地呈現出精細雅緻的特色。

　　為迎接新的季節來臨，台中福華飯店於三月十五日至三月三十一日，舉辦「櫻花祭──日本美食節」活動，配合新年度新希望的開始，藉此展現日式異國風的節慶及喜氣。

　　為確實呈現原味，台中福華飯店特禮聘日本京王大飯店主廚──鷺山敏孝親臨指導；首創現場日式烹調服務，藉由與飯店大廚面對面的接觸，讓您親眼目睹日本美食的作法精緻及可餐的秀色。除了新鮮味美的生魚片及壽司外，還有兼具傳統風味的燒烤、鐵板燒及煮物等數十道日式佳餚，在現場開放式的廚房中，帶引您進入東洋美食的世界，領略美與藝的境界。

　　台中福華為體貼您心，隨餐並附贈日本進口傳統「櫻花茶」，絕對難能可貴的精緻茶品，您一定要試一試。此外，凡此期間於美樂琪用餐者，均可參加摸彩活動，獎項包括台北←→東京來回機票及三多利皇冠禮盒等，並可報名參加「日本名菜示範會」──由鷺山主廚為您示範講解各式簡易日菜，歡迎您共襄盛舉。

　　訂位洽詢專線：（02）259-3355或（04）251-2323

　　發稿人：公關部

　　電話：（02）8888-8888

　　傳真：（02）6666-6666

資料來源：台中福華飯店

┌─ **範例 8-6──尾牙專案** ─┐

台中福華飯店──金裝尾牙專案

　　舉杯歡慶迎新歲，一九九五年即將落幕，身為老闆的您，是否希望舉辦一場成功的宴會，來作為您對員工的酬謝呢？

　　中部地區最新的五星級台中福華飯店於此歲末之際，特別為您推出金裝尾牙專案，凡訂位五桌以上，即可使用此專案。酒席每桌$8,000+10%起，中西合併自助餐每位$720+10%起；一流的餐飲服務及氣派輝煌的場地設備，更為您免費提供燈光、音響、舞台、舞板、麥克風及卡拉OK設備。各智慧型宴會場地，均可依您的需要做各種安排，協助您輕鬆完成尾牙大事。

　　另外，凡使用此金裝尾牙專案，而於當日住宿於飯店者，更可享受住房七五折優待。

　　訂位洽詢專線：（04）2593355或（04）2512323轉訂席組

　　地址：台中市安和路129號

　　發稿人：公關部

　　電話：（04）8888-8888

　　傳真：（04）6666-6666

資料來源：台中福華飯店

台中福華飯店──邀您共度浪漫情人佳節

二月十四日晚間，中部地區最浪漫的情人話題，即將在五星級國際觀光大飯店──台中福華飯店為您隆重上演。

台中福華飯店十七樓福華廳，將推出比翼雙人饗宴，每對4,500元整，隨餐並附贈司派克寧酒一瓶、心型蛋糕、浪漫花朵、現場band伴您搖滾熱舞及浪漫曼波伴您共度良宵，當晚，您更可接獲親密愛人留言等驚喜好禮。

另外，自開幕以來，即深獲各界好評，現場僅有二十四個座位的二樓夏都法式餐廳，更推出浪漫情人套餐，每客$1,500+10%，隨餐並附贈司派克寧酒一瓶及甜蜜巧克力。

若您想與家人或朋友共度浪漫情人節，台中福華飯店更為您在二樓美樂琪西餐廳推出情人自助餐每客$650+10%，並附贈司派克寧酒一杯。如果您只想與自己的親密愛人共度浪漫情人夜，台中福華飯店建議您，不妨拋下身邊所有雜事，與心愛的他或她前來飯店內住宿一晚，同時，利用飯店內現成的客房餐飲服務，與另一半共度良宵，共賞美景。

二月十日起，地下一樓雅軒廳及一樓麗香苑更提供心型蛋糕外賣服務，讓您在家也能為自己安排一場浪漫情人饗宴。

訂位洽詢專線：（04）259-3355或（04）251-2323轉各餐廳

地址：台中市安和路129號

發稿人：公關部

電話：（04）8888-8888

傳真：（04）6666-6666

資料來源：台中福華飯店

範例 8-8—— 假日晨午餐

假日&週日自助晨午餐——Brunch Buffet

 86,01,01

　　（台中訊）美樂琪自助餐廳——台中福華飯店最具代表餐廳之一。提供國際寰宇美食自助早、午及晚餐，口碑早已傳播至全台灣。擁有十五年專業西廚經驗之張正忠主廚表示，台中地區消費自助餐之客層仍是居多，且對食物菜色之品質與變化要求相當高。所以特在美樂琪餐廳推出現場燒烤檯、現場烹煮檯後，消費者可現場欣賞主廚創意新鮮燒烤，香味四溢。

　　即日起又增設推「鮮港市集——壽司手卷吧」！每日午、晚供應新鮮海產、各式精美壽司、沙西米及師傅現做創意手卷。

　　Brunch（晨午餐）在英文字面意義包含了Breakfast（早餐）& Lunch（午餐），在國外非常流行，近年國內多家飯店早已跟進。現代工商人士平日工作繁忙，常習慣趁假日時多補充睡眠，醒來後梳洗完畢即可至台中福華美樂琪餐廳品嘗近百種世界美食，與三五好友敘舊，為下一個工作日養精蓄銳、重新出發。

　　台中福華美樂琪餐廳：自助式午餐NT$550（大人）NT$450（小孩），自助式晚餐NT$650（大人）NT$550（小孩），自助式晨午餐NT$650（大人）NT$550（小孩）（以上價格皆需另加一成服務費）。

　　訂席專線：（04）251-2323轉美樂琪

　　新聞聯絡人：台中福華飯店 業務行銷公關部

　　聯絡電話：（04）8888-8888

　　傳真：（04）6666-6666

資料來源：台中福華飯店

─第九章─
廣 告 策 略

第一節 廣 告

透過傳播媒體宣傳的廣告（advertising），其傳播的影響力非常大，不過，以投資報酬率的角度來看，所獲得的產品銷售量的利潤，是否足以支付廣告所花費的龐大費用？是企業值得探討的問題。試問如果您是消費者，是否在看到電視廣告或報紙廣告後，會立刻去購買廣告中的產品呢？還是對賣場的店面廣告（POP）較敏感呢？是否不同的產品需要不同的媒體與廣告，其效應大小為何？如何排定廣告計畫？皆為此章節欲闡述的主題。

以前的廣告，只重視產品功能的訴求，但現在的消費者特別重視重視企業形象及產品的印象，而各產品間的差異又不大，所以現在的廣告作品，大都直接或間接地傳遞企業的形象，以感性的方式訴求產品，其目的仍然是為了促銷產品。廣告的優缺點如下所述：

(一)優 點

1.延伸廣泛：可以彌補業務人員無法涵蓋的地點及時間。
2.每個接觸對象的平均成本較低。
3.沒有威脅性的個人推銷：消費者在看廣告，不會產生防範之心。

(二)缺 點

1.沒有完成交易的功能：廣告在創造知名度、提高認同感、產生購買意願等，具有相當大的效果，但是無法得到預約、訂

金及確認。

2.效果不易測量：測量的方法眾多，缺少具公信力的方法。

3.顧客習慣忽略廣告：郵寄的廣告信常常會隨手丟進垃圾桶。

一、廣告的功能

企業必須要借助廣告的功能，在競爭激烈及產品同質化的市場中，突出自己產品的特色來吸引消費者購買。廣告的基本功能分為告知、教育及用途等類別（如**表9-1**）。

二、廣告的分類

廣告的基本分類，可用廣告的目的來區分，如廣告是為了提升公司形象，稱為形象廣告（image advertising）；如果是為了推廣產品的特色、用途及利益，藉以達成促銷的目的，則屬於產品廣告（product advertising）；另外，如果公司與公益團體結合來提升企業的形象，可稱為公益廣告（public interest advertising）。其他的分類方式如**表9-2**，其中採用印刷媒體的廣告通常統稱平面廣告。大

表9-1　廣告的基本功能

廣告的基本功能類別	說明
告知	1.提醒消費者前來購買 2.提醒消費者產品可以滿足其需求
教育	1.促使消費者對產品喜愛及加強其熟悉度 2.促使消費者瞭解產品的特性
用途	1.幫助銷售員開發新客戶 2.塑造產品的差異化

表9-2　廣告的分類

分類的種類	分類				
廣告的目的	形象廣告	產品廣告	公益廣告	事件廣告	促銷廣告
傳播媒體： ‧大眾傳播廣告 ‧銷售促進廣告	‧報紙廣告 ‧店面廣告（POP）	‧電視廣告 ‧戶外廣告（招 　牌、霓虹燈等）	‧雜誌廣告 ‧廣告函件（DM）	電台廣告	
廣告訴求對象	消費者廣告	同業廣告			
廣告布達的地域	全國性廣告	地域廣告			
產品生命週期	（詳見後述及本書第四章）				
廣告媒體	大眾傳播媒體廣告	輔助媒體廣告			

眾傳播媒體指電視、報紙、雜誌、廣播電台等，其媒體的影響力，可在短時間內，透過高普及率或高的行銷網傳遞到大範圍的消費大眾。輔助媒體廣告也稱為小眾傳播媒體，通常以地區性的消費者為對象，其費用較低廉，例如廣告傳單、DM及POP廣告。

(一)POP廣告

　　POP廣告（point of purchase advertising）是站在消費者的立場來製作，也可稱為購買據點的廣告，或消費者熟知的「賣場廣告」及「店頭廣告」。POP廣告之所以被重視，因已進展到「以SP為導向」的行銷時代，因能隨外在環境不斷改變，且可被運用在各種賣場，成為賣場最佳的銷售員。另外，POP廣告也是一種推銷技巧，被設立在銷售的據點上，以促進銷售行為的廣告，有創意的POP可以增加產品的營業額。

　　POP廣告不一定要被放置在店舖內，懸掛、張貼於賣場外的展示架、布條、標價卡、海報、旗幟、吊牌也屬於POP廣告，一般商

店的促銷內容如**圖**9-1。所以POP廣告的定義可稱「凡被佈置於賣場內外，引起消費者注意且激發其購買欲望，以達成銷售目的的廣告物。」至於POP廣告的特點有：

1.誘導消費者走入店內。

2.在賣場各角落扮演推銷員。

3.提供商品明確的價格。

4.區分商品的類別。

5.告知消費者各種資訊與服務項目。例如7-ELEVEN陳列架上有郵購、送貨到家及代客送禮等服務。

6. 裝飾賣場，營造氣氛。

7. 說明產品的特色。

8. 誘導消費者的購買動機。

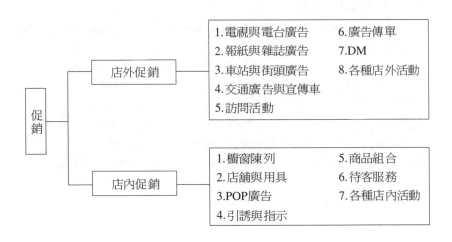

圖9-1　商店的促銷內容

9. 使消費者瞭解賣場的經營理念。

為何近年來POP廣告受重視，原因有：

1. 每種產品皆需附加說明，消費者較重視品質。
2. 價錢已不再是消費者唯一注重的問題。
3. 消費者注重產品的品牌與其企業的形象。
4. 雜亂無設計的賣場無法吸引消費者。
5. 產品的包裝與陳列方式，越來越受消費者重視。

(二)POP的功能

POP廣告分別對消費者、零售商及製造廠商有不同的功能，如表9-3。

表9-3 POP廣告的功能

對消費者的功能	對零售店的功能	對製造廠商的功能
1. 使消費者瞭解產品並比較	1. 促進消費者購買，產生零售店營業額	1. 使零售店大量進貨，減少製造廠商的庫存
2. 使消費者瞭解產品的特性與使用方法	2. 代替售貨員介紹產品的特性及價錢	2. 引起消費者認同
3. 幫助消費者選擇合適的產品	3. 節省人力	3. POP可與SP一起運用
4. 傳達一般訊息給消費者	4. 吸引消費者對產品及零售店的注意	4. 告知新產品的上市與其功能
5. 提醒非買不可的潛在商機	5. 零售店可適時製作POP廣告	5. 為SP活動的重心，及廣告計畫的終點

(三)POP與消費者心理

消費者在購買產品時，其心理產生了五個階段。POP廣告必須完成銷售的目的，將消費者由賣場外—賣場內—產品—購買串聯起來。廣告（如POP）針對消費者的需要、需求及欲望，使用特殊的刺激（訴求appeal），引起消費者的注意，再挑起其興趣，加強其欲望，更進一步使產生信心，最後造成購買行動，使消費者得到滿足。如圖9-2。大多數的人都贊成消費者在購買時，感情的因素會大於其理智，故母親節餐會的廣告強調「感恩」、俱樂部的廣告強調「健康」、飯店客房的廣告強調「家的感覺」。

AIDBA與消費者購買心理：

1.注意A（attention）：引起注意的階段，可利用POP。
2.興趣I（interest）：發生興趣的階段。停下腳步，仔細端詳POP及商品。
3.欲望D（desire）：產生欲望的階段。消費者精神及注意力完全集中在商品上。
4.信心B（belief）：產生信心的階段。確認要購買的階段。
5.行動A（action）：採取購買行動的階段。

圖9-2　AIDBA與購買心理

(四)POS與POP

POS（point of sale）系統出現在同義的POP之前，是以產品概念、通路系統、訊息溝通資料調查及賣場的資訊為基礎，再對消費者生活型態做分析；且擬訂各產品的市場規劃與行銷方式，即「銷售據點的廣告」，以前常被使用。如果以現今的行銷觀念來解釋，POS著重在「販賣」，以賣方立場出發來「賣給你」，而POP則是「請你來買」為出發點，使消費者有倍受尊重的感覺。POS的範例有7-ELEVEN推出的朝日啤酒「公平六罐裝」，只促銷SUPER DRY、LAGER、黑標、MORUTSU、RABBTO ICE等五支產品，利用完美的品牌組合來做POS，使得SUPER DRY進入促銷戰，1994年再度出現12%的高成長。

(五)餐廳的POP

餐廳與飯店的POP大多由自己設計部門的專業人員來負責製作，或外包給外部的廣告公司，可能是促銷的菜單、飲料及酒單、直立桌上型菜卡、海報、紅布條、招牌、實物展示實品等。POP一般用手繪或電腦來製圖，文字內容則來自於需求部門或單位（客房部或餐廳），文字經過公關部門的撰寫或修辭後，交由設計部排版、設計及加上插圖。其中插圖的作用有：強化文字的效果、吸引消費者注意、增加畫面的效果及加強情感的交流。

專欄9-1　網際網路廣告的形式 ••••••••••••••••••••••••••••••

1. 招牌廣告（banner Ad）：媒體網站上的廣告，通常連結到廣告主的網站，是網路上最常見的廣告形式。

2. 擴張式招牌廣告（expanding Ad）：網路廣告不像報紙有全開、半開尺寸，有強迫記憶的功能。最大的版面是468*60（全橫幅廣告），創意常受限於小空間，新的技術可以解決此問題，只要滑鼠移到Banner上，就會自動擴張。

3. 固定版面廣告（hardwired Ad）：在特定網頁、固定位置的廣告，每次與該網頁同時下載（和動態輪替廣告相反）。

4. 動態輪替廣告（動態遞送廣告）（dynamic rotation Ad）：以輪替、隨機的方式傳送廣告（和固定版面廣告相反）。可讓不同的使用者在同一網頁上看到不同的廣告，同一廣告並可在整個網站內輪替，或在特定版面內輪替，也可以根據關鍵詞檢索而出現。

5. 插播式廣告（interstitial Ad）：指網友在下載檔案的等待時間時，會出現的網頁廣告或廣播廣告，但目前並未對閱聽人反應進行評估，不知是否引起網路族反感。

6. Rich Media：運用2D與3D的Video、Audio、JAVA、動畫等效果，目前在網路上被應用的一個高頻寬資料的技術。它可以將網路線上廣告轉換成互動模式，而不只是一個靜態的廣告訊息。

三、廣告的目標

促銷的主要目標為提供資訊、說明以及提醒顧客。所以為了促銷活動的成功而刊登的廣告，就必須朝此三個目標邁進，把目標設計在廣告的訴求中。

(一)廣告訴求的目標

廣告的主題（advertising theme）或訴求，通常會配合企業廣告的目標，找出產品的賣點（selling point）。餐飲企業常用的廣告訴求、主題及範例如**表9-4**。任何廣告皆有其訴求，訴求的內容必須給予消費者滿意的購買條件，所以企業必須先瞭解其廣告訴求的目標：

1. 廣告預算需以從零的構想開始，為達成目標，必須訂定合理的預算計畫。
2. 產品即使非常特殊，如得不到消費者的共鳴，仍無法成為合乎顧客利益的產品。
3. 以完整的資料收集與分析，作為廣告策略的出發點。
4. 廣告策略的目標——即在擴大市場占有率以及達成銷售的目的。

日本朝日啤酒——不斷反覆宣傳其銷售的業績，作為引人注目的廣告手法，在每月的報紙刊登全版的廣告，如同在超級市場的

表9-4 餐飲業常用的廣告訴求、主題及範例

廣告訴求	說明
1.提供資訊	・說明新的菜單、菜色、特殊食材（緬因州龍蝦）：如年菜外帶、商業午餐 ・新的各項餐飲相關服務：如年節不打烊 ・通知顧客新價格或折扣 ・吸引新的目標客層
2.提醒	・餐廳的特別之處，與競爭者作比較 ・顧客的需求
3.說服	・提高顧客對品牌的忠誠度 ・改變顧客對餐飲產品及服務品質的認知 ・鼓吹顧客自競爭者處轉移
廣告主題	餐飲界的範例
1.價格	
2.地段	
3.環境	
4.食物品質	
5.新的產品	三寶樂（SAPPORO）的北海道生啤酒及季節特釀啤酒
6.美食節	
7.銷售量	日本朝日啤酒

特價廣告單一樣，用斗大的字體寫滿整個版面，並用巧妙的手法運用圖表及數字，在銷售數量上的表現與過去做比較時，通常都會使用圖表，當說明市場占有率時，就會用數字來表示。像這樣的數字及圖表的廣告在報紙、雜誌及電視中都會出現，塑造一片銷售業績急速成長的盛況。

　　與電影比深度，和報紙比速度的網際網路，將不會吞噬其他的舊有媒體，但卻擁有其他媒體無法擁有的區隔，勢必在廣告主的媒體預算上占一席之地，飯店和餐廳的網路廣告預算一直在增加當中。但是網路有兩個局限，首先是網路媒體沒有傳統媒體的強迫性閱讀特性，必須被動地等待被點選；另一個限制是，網路廣告的版面過小、規格統一、創意發展的空間受局限。所以未來網路廣告的製作必須想辦法突破版面限制，並運用創意，吸引網友點選。於是網路廣告的表現形式，無論是技術及創意，都將努力挑戰網路廣告的限制。例如擴張式廣告解決尺寸的限制，把戲式廣告（trick banner）利用創意強化網友的點選動機，而插播式廣告更將網路廣告點選權由被動化為主動。

　　以目前國內的網路市場為例，網路廣告製作過程應考慮的經驗是：

1. 考慮頻寬，訊息簡單易懂為妙。

2. 廣告曝光率高低的調整：點選率會隨著橫標式廣告掛上的時間愈長而降低。

3. 心理訴求突破小版面逆境。網路廣告版面越小，創意發展必須越謹慎。

4. 贈品式廣告的迷思：許多人因贈品而點選廣告，但未必清楚商品訊息，雖然點選率增加但傳播效果其實是失敗的。

5. 網路廣告必須提供資訊：banner的點選率降低，因為網路族的特質已經改變，他們上網的目的是為了尋找特定網站及特別的資訊。

6. 互動性廣告將會熱門。

(二)廣告的訊息

1.訊息觀念：指廣告中傳播的主題、訴求或利益。

2.文案：應包含七個要項。

  (1)鎖定的目標客層：一個或多個？

  (2)訴求或利益：即訊息觀念。

    • 理性的——事實基礎。例如歸屬感、社交性及自我實現，適用產品生命週期的初期階段

    • 情緒的——針對大部分的餐廳飯店產品。適用產品生命週期的後期階段

  (3)與競爭者的比較：決定自己的定位。

  (4)風格：指在傳播廣告訊息時所使用的基本方式，也就是在各種理性與情緒的訴求之間做一個選擇，可以提到競爭者的各種服務或全成不提，以及其訊息的強度。

3.理論基礎：把前兩項要素作整合，並與促銷組合作搭配。

4.標題：廣告的主題或訴求可以利用標題，淋漓盡致地發揮出來。通常廣告標題可以贏得消費者注意力，並決定是否有興趣要繼續看下去。所以標題的好壞，可以決定廣告是否收到好的效果，常常在媒體琳瑯滿目的廣告中，有時驚人的標題，往往可以帶來無限的商機。至於廣告的標題有何需注意的地方，如下列所述：

  (1)需彰顯產品的好處，或可激發讀者的好奇心。

  (2)把產品名稱放在標題中，公司名稱在底部，附上地址及電話。例如：只有在「Yes989」，您才嘗得到的道地美味。

  (3)標題越長，效果越好，據統計十個字以上的標題被閱讀的

機率較大。

(4)一次只推銷一個概念，否則讀者易被混淆。

(5)使廣告具有新聞性。

(6)使用特別的文字，例如「新的」、「免費」、「如何」、
「驚人」、「介紹」、「保證」及「等你」等字語。

(7)使人可以相信，不造假及誇張事實。

(8)應針對目標客層，例如針對婦女，可以寫些文鄒鄒、柔性
的文字。

(9)可用故事的方式來寫標題。

(10)滿足一個夢想。

(11)提供絕佳的價格。

四、廣告作業流程

基本的廣告作業流程，從考量促銷與廣告的目標與預算，決定
由外包的廣告代理商或企業本身延攬廣告專才來製作。重要的廣告
作業流程決策分為「廣告決策」及「媒體企劃」兩部分。圖9-3為
廣告作業流程圖。

(一) 平面廣告的製作流程

簡單與少量的平面廣告由飯店自己設計美工來製作，例如海
報、菜單、美食節佈置等。製作流程如圖9-4。

(二) 聽覺廣告的製作流程

一般飯店與餐廳皆會與廣播電台合作，由飯店公關告知或撰寫

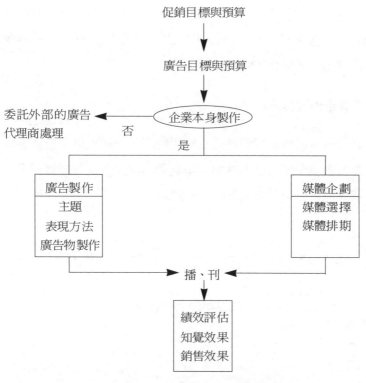

圖9-3　廣告作業流程圖

圖9-4　平面廣告的製作流程

文案及腳本，音樂背景、配音及錄製由電台完成，混音完成的錄音帶稱為母帶，會先拷貝一份給飯店公關及相關主管試聽，經確認後才予以播出，其流程如圖9-5。

(三) 視聽廣告的製作流程

視聽廣告的製作流程較複雜且費用較高，一般由飯店公關告知文案重點及內容，廣告公司幾乎完全負責文案的劇本、音樂背景、配音、選擇模特兒及拍攝，其流程如圖9-6。

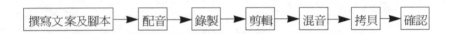

撰寫文案及腳本 ➡ 配音 ➡ 錄製 ➡ 剪輯 ➡ 混音 ➡ 拷貝 ➡ 確認

圖9-5　聽覺廣告的製作流程

專欄 9-1　餐飲煙酒的促銷廣告相關規定······························

根據煙酒管理法（立法院88年）有下列與促銷廣告相關的規定必須注意：第五章之煙酒標示與廣告促銷管理中的第37條，酒的廣告與促銷，應明顯標示「飲酒過量，有害健康」，或其他的警語，並不得有下列情形：

　1.違背公共秩序與善良風俗。

　2.鼓勵或提倡飲酒。

　3.妨害青少年及孕婦身心健康。

　4.虛偽、誇張、捏造事實或易生誤解的內容。

　5.其他經中央主管機關公告禁止之情事。

圖9-6　視聽廣告的製作流程

第二節　廣告策略

一、廣告表現方法

有許多廣告的表現（presentation）手法，如：

1. （名人）證言式廣告：例如各大飯店的風雲人物，西華的柴契爾夫人、福華的達賴喇嘛。
2. 展示性廣告：強調產品的功能及特色。運用促銷菜色照片及文字的廣告（參考圖9-7）。
3. 幽默式廣告：運用趣味與產品結合。例如拼圖遊戲與產品概念的結合（參考圖9-8）。
3. 卡通擬人化廣告：運用卡通人物代替真人（參考圖9-9）。
4. 科學證據廣告：利用調查的數字報告，使產品產生令人信服的公信力。

圖9-7　台中福華飯店的尾牙春酒專案廣告

資料來源：台中福華飯店

圖9-8　春天旅遊的廣告

資料來源：春天旅遊

圖9-9　希爾頓大飯店的澳洲美食節廣告

資料來源：希爾頓大飯店

5.想像式廣告：將產品與某種理想意境結合（參考**圖**9-10）。

6.解決問題式廣告：替顧問找出問題並提出解決之道。

7.雙關語及修飾語的廣告：主要使用在平面印刷媒體，例如報紙或雜誌，藉由有趣的俏皮話吸引顧客注意（參考**圖**9-11）。

8.比較式的廣告：即刻意提到競爭對手的廣告。此類手法得到的效果是否為正面，存在極激烈的爭辯。此類型廣告常於速食業、航空公司的廣告中（參考**表**9-5）。

圖9-10　鴻禧大溪別館的喜宴廣告

資料來源：鴻禧大溪別館

圖9-11　台北福華飯店江南春的餐廳廣告

資料來源：台北福華飯店

表9-5　1994年台灣廣告分配及排名

名次	媒體名稱	占總金額%	優點	缺點	飯店餐飲常使用的媒體
1	電視	36.07	·區別客源	·價格高	·限第四台的使用率較高,一般用於開幕或異業結盟的廣告居多
2	報紙	34.93	·區別客源	·單日有效 ·全省版價格高	·適用客房:《工商時報》、《經濟時報》、《中時晚報》、《聯合晚報》等。 ·適用餐飲:《民生報》、《中國時報》、《聯合報》等。 ·英文報:*China Post*、*China News*
3	雜誌	5.79	·效果持久 ·印刷精美	·發行量有限	·適用客房:《天下》、《遠見》、《錢》、《商業周刊》、《財訊》、*Time* ·適用餐飲:婦女雜誌——《儂儂》、《黛》、《美麗佳人》等。美食雜誌——《美食天下》、《美食新聞》、*Yummy*、*Here*。 ·適用喜宴:《新新娘》、《薇薇新娘》
4	POP	4.22			·館內海報
5	直接郵寄DM	2.61	·針對顧客個人		·各促銷案的小冊子
6	戶外廣告	1.99	·醒目	·價格高 ·合法問題	·固定式:機場、火車站前燈箱 ·電子佈告欄:百貨公司、人潮聚集處
7	交通廣告	1.61	·有流動性	·效果不持久	·車箱廣告——公車、計程車、捷運車箱廣告
8	黃頁電話簿（yellow pages）	1.61		·不醒目	·刊登餐廳的電話、地址
9	夾報	1.55	·區別客源	·價格高	·開幕或活動時
10	傳單	1.54	·區別客源		·餐廳折扣
11	其他	6.31			

二、廣告物

廣告物（advertisement）是指最後做出的廣告成品，可能是平面廣告、電視廣告或廣播廣告等（請參考表9-6）。

(一) 廣告物的構成要素

1. 平面廣告：最重要的是語言溝通的文案（copy）及標題（headline），此部分皆由公關部門的文案寫作人員來撰寫，標題應該簡短醒目，文案內容則是配合廣告主題的文字敘述。至於非語言部分的顏色、插圖及佈局設計則由美工或設計部門完成。目前餐廳或飯店的美工設計部門除了用手工作業外，也普遍使用電腦系統如Photoshop、Illustrator等套裝軟體。文案部分考慮選用一個標語或標題（slogn），如台新銀行信用卡的「認真的女人最美麗」、媚登峰美容機構的「Trust Me, You Can Make It.」。

2. 聽覺廣告：聽覺廣告的文字敘述通常是旁白或對白（dialogue），由專業的配音員配音完成。音樂則有背景音樂

表9-6　廣告物的構成要素

廣告物													
平面廣告				廣播廣告			電視廣告						
視覺				聽覺			視聽覺						
							影像				聲音		
標題	佈局	文案	插圖	顏色	文案	語音	音效	音樂	字幕	佈景	動作	特效	文案	語音	音樂	音效

或主題音樂、音效（參考**表9-7**）。

3. 視聽廣告：視聽廣告的語文部分比平面廣告多了字幕（subtitle），非語文部分的音樂與聽覺廣告同，但多了可變化的影像背景、廣告模特兒（即代言人）及特殊效果。

表9-7　聽覺廣告的文案範例

標號	字數：　　　秒數：30秒	
客戶名稱	彩虹餐廳	
錄音方式	雙人對話，單人訴求	
表現風格	輕鬆活潑	
建議音樂	美式熱門音樂	
文案內容：		
旁白		音樂
—os. 女：美美去彩虹美食節，吃美式美食遊美西（繞口令式） 男1：你在美什麼子啊! 女：美國美食節在彩虹餐廳隆重展開了 男1：真的啊!		（不配樂）
—進音樂— 男2：彩虹餐廳網羅了美國各式佳餚，從印地安羊排到傳統的感恩節火雞，還有（飛機起飛聲）台北←→舊金山來回機票大放送，一元暢飲美樂啤酒 彩虹餐廳訂位專線：（02）22128888 客戶簽名： 擬稿人： 錄製： 配音：		美式熱門音樂

三、廣告表現策略

　　廣告也就是溝通，亦即商品銷售與購買的溝通訊息。而廣告表現策略（advertising present strategy）：3W+1H的實戰策略；即在確定商品的定位與市場定位，並找出商品在廣告上的問題點與市場行銷的機會點，進而尋找廣告訴求的市場空間，方能為商品打開市場。包含以下四部分：

1. 目標消費群（target audience）—who to sell：代表「廣告的訴求對象」。
2. 定位策略 （positioning strategies）— how to sell：代表「廣告訴求定位」。
3. 文案綱要 （copy platform）— what to sell ：代表「廣告訴求內容」。
4. 表現調性 （tone and execution）— way to sell：代表「廣告訴求方式」。

(一)擬定廣告表現策略的步驟

1. 目標消費群。
2. 定位策略。
3. 文案綱要。
  (1)主標題。
  (2)副標題。
4. 表現調性。

(二)廣告媒體

1.電視。

2.廣播。

3.報紙。

4.雜誌（以上為廣告的「四大天王」）。

5.戶外看板。

6.DM。

7.外牆廣告。

8.車箱內外廣告。

9.網路。

10.電子看板。

11.空中汽球與飛船。

四、廣告預算

(一)預算方法

國內餐飲旅館的廣告預算大多採用銷售的百分比法（percentage of sales），管理階級運用銷售額的百分比；或者以產品單位的成本來設定一個固定金額，再依銷售出的單位數量乘上此金額。銷售額百分比方法是先預估明年的銷售總額，再乘上3%-5%的比率為廣告的預算。媒體廣告的計費方式如下所述：

1.報紙：

(1)按照版面大小、版次、彩色或黑白有不同的價錢。

(2)頭版價格最高。

(3)頭版另有「外報頭」，「報頭下」的版面可供選擇。一般
餐飲廣告常上地區版的外報頭。

2.雜誌：

(1)封面價格最高，其次是封底、封面裡及封底裡再次之。

(2)一般版面有分全頁、1/2頁及1/4頁。

3.廣播電視：

(1)用秒數來計費。

(2)電視最低限制要十秒鐘，播一次稱為一檔。

(二)影響廣告預算的因素

除了產品之銷售額外，其他影響廣告預算的因素如**表9-8**所示。

表9-8　影響廣告預算的因素

因素	廣告／銷售量的關係	因素	廣告／銷售量的關係
產品因素： 1.差異化基礎 2.未知產品品質 3.衝動購買 4.耐久性 5.購買頻率	 + + + - 曲線	顧客因素： 1.一般使用者 2.工業產品使用者	 - +
市場因素： 1.產品生命週期階段 ・導入期 ・成長期 ・成熟期 ・衰退期 ・無彈性的需求 2.市場占有率	 + + - - + -	策略因素： 1.地區市場 2.通路的高利潤 3.高價 4.高品質	 - - + +
		成本因素： ・高利潤	 +

第三節 製作廣告作業流程

一、 刊登廣告的流程

1.選擇媒體。

2.媒體排期，預定媒體版面：

  (1)報紙：應於七天至一星期前預定。

  (2)雜誌：刊登當月份的前兩個月（二十幾號）前。

  (3)廣播：最晚需在播出當日的七天之前預定。

  (4)形象廣告：由公關排定，年度廣告預算時即排定。

3.廣告稿製造：

  (1)由申請部門或單位下文案申請單給公關，同時下POP單給
設計部門。

  (2)公關交完工的文案給設計部。

  (3)設計人員與公關及申請單位溝通。

  (4)設計人員出廣告完稿及拍照。

  (5)完稿傳至相關單位校稿。

  (6)公關人員交完稿於媒體的業務人員。

  (7)察看排版出來的色彩、清晰度及效果。

  (8)等待廣告刊登，確定版面大小無誤，並剪下存檔。

  (9)傳閱各相關部門。

  (10)處理媒體贈閱份數。

(11)與財務部門配合，等待媒體業務人員來收款。

二、廣告效益評估

除了企業的廣告策略，加上廣告的創意，廣告產生的效果到底是否會達成預期的銷售效果？廣告效果評估分為事前測試及事後測試兩部分。事前測試可用直接詢問或深度訪談兩種方法，詢問受試者對廣告評價的優先順序；事後測試可用詢問測試或回想測試來作數字比較及顧客分析。

■ 網路廣告

網路廣告已經成為餐廳與飯店重要的媒體曝光。越來越多的廣告預算及排檔，但是到目前為止，國內的網路廣告統計及稽核並沒有公正團體或客觀特定的統計方式，以下為網路廣告評估效益的重要指標（參考表9-9）。

第四節　業務廣告交換

有時為了增加廣告業績，或進行異業聯盟合作，媒體的廣告可以不用支付現金的方式來使用，例如飯店利用客房及餐飲券來進行廣告的交換，參考**範例9-1**飯店與雜誌的廣告交換、**範例9-2**公關公司與飯店的贊助合作產生的廣告效益、**範例9-3**廣播公司與飯店的廣告交換。

表9-9　網路廣告評估效益重要指標

中文	英文	解釋
廣告曝光	Ad impression	當一則廣告成功地被傳送給符合資格的訪客時，即完成一次廣告曝光
廣告索閱	Ad request	因訪客的行為而使得廣告伺服器送出某則廣告的動作
點選	click/click through	藉由點選某則廣告，訪客將會因此而連至網路上的另一個地方（通常為廣告主的網站）
點選率	click through rate; CTR	點選廣告的次數，除以廣告索閱的次數
轉換	conversion	將造訪者的反應由消極的閱讀轉變為行動「轉換」，包括吸引使用者到網站、說服他們購買產品或是線上填寫表單
每千次廣告曝光成本	cost per mille; CPM	傳遞每一千次「廣告曝光」所需要的成本
觸擊	hit	每當瀏覽器向伺服器提出要求時所下載的每一件資訊（它可能是一張圖、一份文件或是一段影像檔），都算是一個「觸擊」
網頁曝光	page impression	當訪客提出某一網頁需求時，（單獨一個或多個檔案）以單一文件的形態呈現在訪客螢幕前的動作稱為網頁曝光
網頁索閱	page request	因訪客的行為，而由網站伺服器送出某篇網頁至訪客瀏覽器視窗中的動作
網頁閱讀	page view	「網頁閱讀」是一種較精確的測量方式，它代表一整篇網頁（包含上面的廣告、圖形等等）被閱讀過多少次
流量	traffic	由於「資訊高速公路」已成趨勢，「流量」就代表網路上有多少資料正被傳遞的情況。同時它也可以作為形容某一個網站受歡迎的程度，或對外連線頻寬的負載情形
造訪	visit	指一名訪客在某個網站上持續閱讀網頁的行為。造訪次數可作為衡量網站流量的指標之一

┌ **範例 9-1──飯店與雜誌的廣告交換** ┐

福華飯店vs.商業周刊

廣告交換合作案長達一年。

　　福華飯店：提供零售的《商業周刊》每本一張免費的咖啡抵用券，另提供十張價格各1,500元新台幣的住房抵用券，作為讀者抽獎的贈禮。

　　商業周刊：提供福華飯店兩期免費內頁及書衣廣告，廣告之內容為「凡持有此咖啡抵用券可至全省福華飯店享用咖啡一杯」，及「剪下抽獎券寄回《商業周刊》即可參加福華飯店1,500元住房折價券之抽獎」。

　　註：咖啡券應設立使用期限，期間可為半年；而住房折價券之使用期限，期間可長達一年。

┌ **範例 9-2　公關公司與飯店的贊助合作案（合約）** ┐

歐尼爾與NBA職籃訪華表演賽贊助飯店協議書
＿＿＿＿＿＿＿＿＿＿＿＿＿＿＿＿＿＿＿＿ 以下簡稱甲方
＿＿＿＿＿＿＿＿＿＿＿＿＿＿＿＿＿＿＿＿ 以下簡稱乙方
一、活動名稱：2000年歐尼爾與NBA職籃訪華表演賽─台北場次（以下簡稱本案），由甲方負責承辦，由乙方配合贊助。
二、雙方配合方式：
甲方部分：
1.簽署乙方為本案之台北區飯店業唯一之贊助廠商，並充分授權於乙方享有本案授權內之一切權利與各項媒體效益。另贈現場廣告看板版面一處。

2.甲方針對本案及活動訊息之記者會與發表會，一律在乙方所在地舉行，甲方負責媒體接洽贈送禮品及場地佈置，並由乙方負責協辦。

3.提供乙方兌換之公關票七十張（NT$1,280）、二十張（NT$1,500）。

乙方部分：

1.提供8/8記者會五十人場地及器材（五十位Coffee Break兌換公關票），另8/18歡迎會於宴會廳場地及無酒精Punch兌換公關票。

2.提供NT$200,000住宿贊助，依以下房間金額計算。餘額將以每間USD168計算發予住宿券，共十一張（以一年為限）：

商務單人房	@4,700+10%	十三間
商務雙人房	@5,600+10%	九間
商務豪華套房	@10,000+10%	二間

3.提供三十人8/18自助早餐（自助餐餐廳 07：00-09：00） 兌換公關票。

4.餐飲外燴部分將支付現金，另行簽訂合約。

5.乙方誠意配合甲方，不得對外發布任何非經由甲方同意授權之活動及所有資訊。

三、本協議書一式兩份，甲乙雙方各執一份。

甲方：   乙方：XXX 大飯店

代表人：   代表人：XXX 先生

地址：   地址：

電話：   電話：

中　華　民　國　　　　　年　　　　月　　　　日

範例 9-3　廣播公司與飯店的廣告交換

台灣廣播電台　　　李小梅 小姐

Tel：02-88885656*125　　　　Fax：02-66661199

羅伯‧蓋樂普「魔術極限」

台北金金大飯店義務

客房住宿：

住宿日期：89年6月3日至10日

C/I：6月3日下午13：00

C/O：6月10日中午12：00

房間數：住宿商務樓層

　　　　單人房五間（其中一間upgrade豪華套房）

　　　　雙人房七間

　　　　*提供貴賓式禮遇——歡迎海報、捧花、水果、免費使用三溫

　　　　暖及健身設備

餐飲：住宿期間提供二樓自助餐餐廳自助式早餐每人每客

記者會場地：四十人場地及會議茶點、會議基本視聽設備

以上費用共NT$200,000元整，另Title Sponser 贊助NT$300,000元整全額

　　廣告交換請開發票。

對於上述如有任何疑問，請不吝來電賜教。

TEL：02-8888888*2031　陳大民經理

敬祝

　　　　商　祺

　　　　　　　　　　　　　　　　　　台北金金大飯店

　　　　　　　　　　　　　　　　　　業 務 行 銷 部

　　　　　　　　　　　　　　　　　　經理　陳大民

　　　　　　　　　　　　　　　　　　民國88年05月09日

第五節　設計美工部門

　　有些飯店的美工設計部門，是隸屬於公關部門或是工程部門中，因為相關的工作需要互相搭配的機會較多。也有大型的飯店，因為美工的事務眾多，需要自成一個部門來分類管理及運作，比如專門負責餐廳部或客房部等。

　　其工作內容包括凡是在餐廳及飯店看得到的事物，大多直接或間接與美工有所關聯。例如：硬體的家具擺設、壁紙與牆上的畫作、藝術品及盆栽、燈光與配色、招牌與標準字體、客用宣傳品設計、印刷廠的合作與監督等，以上是屬於定期的維護或只設計一次即可。至於常態的工作，也就是日常忙碌的事務有：

1.餐廳要求：由公司內部轉帳負擔費用。

　(1)因美食節或促銷活動而需刊登的各式廣告設計及完稿，文
　　　案由公關的撰稿人提供。

　(2) 記者會現場佈置。

　(3)海報設計。

　(4)餐廳內佈置。

2.顧客要求：顧客的美工需求是需要付錢的，也是餐飲的收入
　　之一。

　(1)海報：一般飯店均有電腦，每天列印出舉辦活動的公司名
　　　稱及聚會名稱。

　(2)紅布條（banner）：有用租的或賣的。製作上面的字有材

料上的分別，每一個中或英文字的收費又不相同。

(3)保麗龍板：刻字或製造不同的造型，一般放置在會場的前
　　端。

(4)會場整體佈置。

第五篇

銷售策略

第十章
人員銷售管理

第一節　銷售管理

　　銷售管理（sales management）是指銷售人員的規劃、執行與控制等工作。

　　在買方與賣方發生產品的所有權轉移時，就形成了所謂的銷售。銷售過程可以分為事前銷售、銷售當時及事後銷售三個階段。事前銷售由餐飲行銷企劃部規劃包裝與活動，旨在確立企業產品的良好形象；銷售當時大多是指銷售人員的對外推廣，或餐飲現場服務人員的推銷技巧，目的是達成銷售的交易行為；事後銷售的重點是屬於服務性質的追加活動，常常為了拉攏常客或重要的客人，均會在消費完後，或消費後一天去電或親自拜訪，確認餐飲服務的優缺點。

　　美國行銷協會（AMA）給人員銷售（personal selling）的定義為：人員銷售是指完成銷售的目的，與一個或一個以上的可能購買者面對面接觸的推廣方式。人員銷售是4P中推廣的一個方法，也是銷售過程中最近一個接觸購買者的手段（例如餐廳中的服務生）。本書將在本章第二節中深入討論。

一、業務人員的管理

　　人員銷售的管理是企業業務部門主管的工作，透過妥善的計畫，並有效的逐步實行，業務主管透過業務人員的管理，可以成功獲得每月的預定目標。有關業務人員的管理工作，至少包含下列數

項：

1. 銷售人員的任務分配：一般的分發原則，會依銷售人員的專長來分發，例如英語能力較強的銷售人員，可被安排負責服務美商公司；日語能力較強的銷售人員，可被安排負責服務日商公司；一般都會把重要的顧客交付給資深表現良好的銷售人員，但原則上是希望每一個獨立的銷售人員，均能負責自己區域的重要顧客（top account），以及一般的公司客戶。其他的任務可參考第四節的業務人員的工作職掌。

2. 決定業務人員的人數：可根據公司的銷售目標、工作負荷、業務員的生產力來參考並決定。

3. 設計銷售管理組織：行銷組織中處於第一線的工作人員是「業務部門」的銷售人員，處於第二線的工作人員是「行銷企劃部門」的幕僚人員。行銷與銷售是不可分的，但常常在飯店中此兩部門的工作人員均不瞭解對方的工作內容，甚至於業績不佳及開會時站在對立的角度來攻擊對方。所以在餐飲行銷組織中應把行銷部與業務部組織合併，並有一最高的管理主管，如果可能把兩部門的工作人員用輪調的方式來運作的話，將會造成協調合作更好，業績的突出將指日可待。另外，業務人員的分組可以依以下類別，分別來加以組織：
(1) 產品別：餐飲及客房。訓練一個餐飲業務從一張白紙到完全熟悉獨立作業，大致需半年的時間，客房業務常常需在促銷客房時兼售餐飲，所以需要更長的時間來訓練，所以分開來組織管理是必須的。例如餐飲業務屬於餐飲部管理，客房業務則是屬於負責全館業務的業務部來管理。

(2)市場區域性：可區分北、中、南區業務代表。或總公司在北部，指派業務代表專門負責中南區業務。

(3)客戶類型：餐旅的客戶類型可區分為一般公司行號、美商日商、社團組織、學校機關、政府機構、旅行社、廣告媒體、金融券商等。

(4)以上三種混合組織：如中區業務代表負責接洽中區扶輪社的餐飲客戶至台北總店消費客房部分。

4. 如何劃分銷售地域：銷售區域的決策中，必定會涉及銷售目標、責任額及銷售人員的薪酬等考慮。如果銷售區域只是一個城市，尤其是餐飲市場，通常只做地域（local）性的推廣銷售，可把市場分為數個區域，如果有特別需求或重要的客層，再派專人負責之，例如日本料理的業務人員，一定有人忙碌穿梭在日商及株式會社中。

5. 銷售人員的招募與訓練：銷售人員的招募與訓練，均是由業務主管或老闆親自面試甄選。要僱用多少銷售人員？僱用哪一類型的銷售人員？其招募的條件將視其業務人員的工作範圍不同而有些許的變化。例如餐飲銷售人員與客房銷售人員最大的不同點，則是客房方面需接觸國際商務人士居多，所以語言（英文及日文）的要求要比餐飲業務要高。訓練部分除了業務技巧專業部分，也必須分別加強其產品的認知及職業的道德。

6. 公平適當的薪資與紅利： 一般業務人員的薪資制度有三種，分為純底薪制、純佣金（commission）制、兩者混合制（即底薪加業績獎金）。餐飲飯店業最常使用的是純底薪制，少數使用兩者混合制。適當的薪資與紅利才能留得住優秀的業

務人員，而「重賞之下必有勇夫」。為了要配合及完成業務
人員所有的工作內容，一般的餐旅業務常常必須在下班時間
後，再留下來準備報價信或等待迎接重要的客戶，工作所需
花費的時間與體力，必須要有公平的薪資來支持；如果老闆
總是想要看到創新業績，那麼適當的紅利將是最好的獎勵。

7.銷售目標的擬訂：銷售目標來自於企業經營目標及銷售預
測，企業的銷售目標最後的結論大多由業主來決定，當然也
考慮了市場的潛力與業務人員的能力。然後各個業務人員再
擬訂自己的銷售目標，並訂出每季計畫、每月計畫、每週計
畫及每日計畫來達成其銷售額或責任額。

8.如何督導銷售人員：銷售人員每天的行程需被自己及其直屬
主管掌握住，在企業的電腦中每天都可以即時計畫出各個銷
售人員所接洽的案子、生意數量、顧客消費金額、預訂客房
數等。業務主管利用各式先進的傳訊網與業務人員聯絡，可
幫助其做出明確的決定。

9.銷售績效的評估：績效評估的方式有許多種，企業必須自己
製訂出適合的方式。

二、業務專有名詞

1.禮貌拜訪（courtersy call）：相等於業務拜訪（ sales call），
對潛在顧客做各種的簡報及說明。請參考業務人員的標準工
作流程FBS02──如何進行預約拜訪。

2.電話銷售（phone call）：透過電話而直接或間接導致銷售的
任何方法，均稱為電話銷售。

3.陌生拜訪（cold call）：陌生的業務拜訪或電話訪問。業務最難的部分是開發潛力客戶，此項工作也是初入行的業務人員感覺最挫敗的部分。只要掌握到拜訪的重點及禮貌，其實「碰釘子」是正常的事，越是難掌握及難拉攏的潛力顧客，對有企圖心的業務人員是最好的挑戰。

4.人員銷售（personal call）：簡單的解釋是為涉及與顧客面對面接觸的銷售。

5.外部銷售（external selling）：指在餐旅單位之外所做的人員銷售，也可稱為業務拜訪。

6.銷售奇襲戰法（sales blitzs）：一群業務人員同時至同一地點，向目標客層進行有組織系統的主力促銷。俗稱「街掃」或「掃樓」。

7.對內銷售（inside sales）：指在企業組織中，為提高銷售及增加平均消費金額，所做的各項內部人員的銷售活動。建議銷售（suggestive selling）或順勢銷售（upselling）都是很好的範例，意指餐廳員工向顧客建議或推薦額外、或價格更高的產品或服務的一種銷售方法。

8.業績、責任額：可以依數量、利潤、活動、費用等大項分別把業務責任區分，是評估銷售人員績效的標準，也是激勵其努力的目標。

9.業務地理分區：業務人員的工作負責區域。

推銷產品不如服務客戶；把東西賣給顧客及幫助顧客買東西，結果是天壤之別！請您好好想一想以下幾點。

1. 企業只能聽到4%不滿顧客的抱怨，96%的人早已默默離去，結果91%絕不再光顧。

2. 一項「顧客為何不上門」的調查：原因是

   · 3%因為搬家

   · 5%因為和其他同業有交情

   · 9%因為價錢過高

   · 14%因為產品品質不佳

   · 68%因為服務不週（包括企業主、經理、員工）

3. 一位不滿的顧客平均會把他的不滿告訴八人至十人。

4. 如能把顧客的抱怨處理得很好，70%的不滿顧客仍會繼續上門。

5. 吸引一位新顧客，所花的時間及金錢是保留有一位老顧客的六倍。

6. 您所工作的餐廳及飯店是否有以上的問題呢？

第二節　人員銷售

人員銷售（personnel selling）的定義牽涉到人與人的口語交談。由餐廳的業務人員與顧客或潛在顧客以電話或親自拜訪所進行的銷售方式。

一、人員銷售的特點

　　銷售人員可以依據每一位顧客的需求、動機、行程，而給予「量身訂做」的個人服務與安排，使顧客有倍受尊重之感。銷售人員也可以選擇最有效的方式直接接近市場標的，例如A飯店的餐飲業務人員在作禮貌拜訪時，得知A公司的老闆即將安排一個國外工程師的團體來台灣參訪，正在尋找飯店報價（客房與餐飲）時，可以立刻聯絡客房業務人員同時報價，爭取吃住皆在A飯店的機會。所以人員銷售有許多優點。如下所列：

(一)優　點

1. 具有完成交易（closing sales）的能力：是最重要的優點。可以完成預約、付訂與確認的手續。

2. 滿足顧客的「個別」需求：銷售人員與顧客面對面，可以從對談與觀察中獲得許多顧客的資訊，並且立刻為顧客解答他們所提出的問題，從而使顧客對產品產生興趣和信心，並且在溝通時，有經驗的銷售人員，可以運用銷售的技巧，開發出顧客新的需求，增加更多的商機。

3. 實物的展示：用電話或書信溝通皆不如面對面地看到產品及銷售人員。因為在電話中，銷售人員看不到顧客的表情，無法獲得更多的訊息；從書信中，大多數的公司決策主管，均有秘書小姐過濾信函，如果只是促銷廣告式的文宣，都會被壓在檔案夾下面或是直接丟進垃圾桶裡。銷售人員親自拜訪或邀請顧客至飯店及餐廳中參觀或用餐，可以大幅增加顧客的瞭解，進而常來用餐或住宿。

4. 長期建立友好的關係：透過業務員的長久努力，把顧客當成自己的朋友來交往，當成是顧客消費的良好顧問，而不是一昧地要求購買產品及來店消費。將心比心，則顧客也會把業務員當成好朋友，以誠相待，記得生意是要做長久的。筆者在初入業務行業時，遇到一些好的老闆朋友，甚至會教導我如何來做業務，以及主動幫忙介紹生意，到現在想起來仍感動萬分。統一企業創辦人高清愿董事長在最近出版的自傳中封面即是「做事好不如做人好！」，值得給所有的業務新兵一起省思。

5. 達成良好的溝通：業務人員可以扮演消費者與公司的溝通者。因為與顧客接觸最初、最多及最終都是業務人員。飯店常常在重要大型的餐飲會議中，會指派一名專屬的業務人員來進行聯絡、安排、溝通與隨行，幫助解決服務行程中所發生的大小事件。此專屬的業務人員必須對飯店的客房餐飲完全瞭解，並熟悉各種狀況的處理。此專屬的人員在飯店業中也可能是別的部門的人員，有另一個名詞來稱呼，中文叫做「私人管家」，英文稱為butler。另外業務人員常常在做報價信時，均是用電話或傳真來溝通。如果可以面對面把所有狀況談妥，如得知有預算上的考量，業務人員可富彈性決定是否從新安排餐式和行程，或者是放棄此生意。

6. 發現潛在的顧客：優秀的業務人員在做例行工作時，可以發現許多潛在的顧客。例如從電話中、親自拜訪時，可以由與顧客的互動中發現顧客的其他需求，或是發現顧客介紹的顧客。

7. 銷售及促銷效果良好：被訓練的業務人員，業績及成交率很

高，皆靠平時的努力和對公司的產品及顧客下工夫。另外，訓練及培養傑出的業務人員，可節省公司的其他促銷推廣成本。

8.身負重任，無所不能：業務人員代表餐飲企業出外恰談生意，均是獨立作業並有如公司的代言人，除了做業務推廣之外，還肩負做市場調查、售後服務、企業公關的角色，所以必須無所不能，發揮八面玲瓏的魔力。

(二)人員銷售的限制

1.訓練及培育困難：因餐飲及客房產品眾多，且最困難之處在於產品的搭配與對內、對外的溝通協調，所以對銷售人員除了要有產品專業知識的培養之外，還需教育其銷售的技巧、拜訪計畫的達成、消費者的心理學等。銷售人員的流動性很大，故餐旅企業應該多用心在培育而不只是訓練，因為好的顧客習慣給好的業務服務，但好的業務人員往往都是眾家餐廳旅館挖角的對象，所以為員工規劃其工作是有必要的。

2.每個接觸對象平均成本昂貴：因為業務的人事及訓練費用龐大，而銷售人員的流動性也很大，所以總是在訓練新人是浪費訓練資源的觀念下，對產品的推廣也大打折扣。餐飲業的兩大成本即餐飲成本及人事成本，所以支付給銷售人員的薪水及業績獎金是一筆龐大的收入。一般餐廳可考慮在開發新客戶及推廣活動時，由餐廳外場的幹部主管充當業務行銷人員，此作法在不景氣且人事凍結時，是企業老闆們常用的方式。

3.當銷售的市場分散時，人員銷售難以在短期間發揮功能，需

靠其他的促銷方式。

二、餐飲人員銷售

餐廳中的每一個服務員皆可以成為優秀的銷售員，不是只有領班及以上負責點菜工作的人員才須做菜色推銷。良好的餐飲銷售經驗，可以幫助滿足顧客的需要，提高餐廳的營業額，另外顧客留下美好的用餐回憶，將重複光顧餐廳。

餐廳經理訓練員工，在餐廳中推薦菜色及促銷飲料的步驟如下：

(一)仔細閱讀顧客（read your customers）

1. 觀察（observe）：用心觀察顧客的肢體語言、穿著、談吐、臉色。是否在等人、趕時間、或因為第一次來訪感覺陌生？

   (1)提出問題，等待回應：

   - 「先生，我們有供應空運來台的新鮮生蠔，是否要嘗試看看呢？」
   - 「先生，是否需要先點一杯餐前飲料？現在現調的Champagne Kir正在促銷中！」

   (2)分類顧客，再作推薦：如用配菜方式，除主菜外，另應含有主食類、蔬菜水果類。

   - 慶祝／無預算：介紹套餐系列或主打菜、促銷菜、適合搭配的酒類飲料
   - 聚餐／有預算：問清楚預算，用配菜的方式，盡可能把促銷菜搭配進去

- 吃飽：點菜方式。點用招牌菜，搭配容易吃飽的麵飯類
- 吃好：點菜或套餐方式。先介紹主菜，以高單價的海鮮為主，再搭配開胃酒及佐餐酒
- 趕時間：中式——速簡快炒類；西式——三明治、炒麵或飯加每日例湯
- 控制體重：少油炸
- 嘗鮮：介紹新的菜及促銷菜

2.聆聽（listen）：仔細傾聽顧客的點餐對談、語氣。詢問其餐飲特殊需求，以及是否在趕時間？再適時給予搭配餐點的意見。

(二) 引導顧客點菜（guide your customers）

瞭解餐廳供應的產品（菜單／飲料單／葡萄酒單／促銷產品／促銷內容）：

1.從菜單細項表（menu breakdown）來作全盤的瞭解（參考**表 10-1**）。對每一道菜色的配料、烹調方式、烹調時間、搭配餐盤餐具均完全瞭解且靈活運用。例如不應介紹趕時間的客人點用燒烤類主食。

2.提供二至三道選擇（offer options）：
  (1)提出你認為最適合或最划算的類似選擇給予顧客做決定
  (2)例如一般飯店美式早餐的果汁選擇有七、八種之多，你可以只說出最常被點的果汁種類，如「美式早餐另供應果汁，本餐廳有「現榨」的柳丁及葡萄柚汁，您要點用哪一種？」，讓忙碌爭取時間的早餐點菜更有效率。

表10-1 某餐廳的部分菜單細項表

Item Code	Item	Price NT$	C	H	Abbreviation	Description	Sauce Condiment	Crockery	Cutlery	Side Dish	Garniture	Time Needed
1001	Baked layers of Pasta "Vegetarian"	280		>	Layer Pasta	Zucchini50g, Eggplant, 50g, fresh mushroon 50g, Bell Pepper 150g Basil 1g	Bechame Sauce, Tomato Sauce	Oven Dish	Fork Spoon	Parmesan Cheese	Basil Leave	15-20 mins
1002	Home-made Beef Noodle Soup	280		>	Beef Noodle	Braised beef Steak 100g, Home-made Noodle 150g	Braised Beef Soup	China Ware, Soup Bowl	Chops-ticks, China-Ware, Soup Spoon	Chinese Sauerkrant (酸菜)	Spring Onion, Coriander Leave	15-20 Mins

資料來源：台中長榮桂冠酒店Café Laurel 餐廳

3.在推薦中加入「另人垂涎」的語句或形容詞：

(1)令人「開胃」的英文形容詞：

　　fresh（新鮮的）

　　unusual（不尋常的）

　　popular（流行的）

　　home-made（自家釀製的）

　　delicious（可口的、美味的）

　　new（新推出的）

　　best（最好的）

　　light（清淡的）

　　excellent（最棒的）

　　memberable（值得回味的）

　　favorite（美味的）

　　recommended（值得推薦的）

(2)中文推薦語句：「新鮮的」、「現做的」、「主廚推薦的」、「最受歡迎的」、「促銷中的」、「折扣中的」、「強力推薦」、「每一個客人都稱讚」、「客人推薦的」、「令人忍不住想到它」

(三)建議決定嘗試（ask for the sale）

此為完成結束銷售的步驟。許多客人做決定也是需要鼓勵與催促的。銷售人員的問題儘量不要問「好」或「不好」的句子，而是問可得到肯定回答的問句：

1.您要不要點一客試試看？（Would you like to try that？）

2.以上三道菜，您要點哪一道呢？（Which one would you like to order？）

三、飲料的推薦

(一) 飲料的知識

飲料的分類：

1.酒精性飲料：包含強酒精的烈酒、葡萄釀造的葡萄酒（參考表10-2）。
2.非酒精性飲料：果汁、汽水、咖啡及茶類。

(二)飲料單飲品的選擇

當餐飲銷售人員建議飲料的點用時，需依客人的客層類別來做不同的介紹，一般有經驗的吧檯服務人員或是領班，會記住熟客人喜愛的飲料及服務的注意事項。否則通常需考慮以下數點：

1.國別：此飲料單是針對外國客（哪一國？）或本國人？
2.性別結構：女性愛喝清涼飲料，酒精濃度低；男性一般願意喝有酒精的飲料。
3.年齡層次：年紀大會喜歡烈酒。
4.價格層次：便宜的飲料或高級的XO。

表10-2 酒精飲料的結構表

	製造法	原料種類	酒名	原料	口味／產地
酒精飲料(一)	發酵 Fermented	葡萄 Grape	不起泡沫葡萄酒 stillwine, table wine		
			起泡沫葡萄酒 sparking wine		
			強化葡萄酒 Fortifine wine		
			加色加味葡萄酒 Aromatized wine		
		其他水果 Other fruits	蘋果酒Cider		
			柑橘酒Citrus		
			梨子Perry		
			其他Other		
		穀類 Grain	啤酒Beer		
			麥酒Ale		
			黑啤酒Stout		
			黑麥酒Porter		
			日本清酒Sake		
			其他Other		
		雜類 Miscellaneous	乳酒Koumiss		
			棕櫚酒Palm		
			龍舌蘭Pulque		
			其他Other		
酒精飲料(二)	蒸餾 Distilled	水果 Fruit		葡萄 Grape	亞曼涅克Cognac
					康亞涅克Armagnac
					加州California
					義大利Italy
					馬爾Marc
					葡萄牙Portugal
					西班牙Spain

（續）表10-2　酒精飲料的結構表

	製造法	原料種類	酒名	原料	口味／產地
酒精飲料（二）	蒸餾 Distilled		白蘭地 Brandy	蘋果 Apple	美國
					法國
				櫻桃Cherry	德國
				梨子Pear	法國
					瑞典
				梅子Plum	法國（藍梅Mirabelle）
					法國（黃梅Quetsch）
					南斯拉夫
				覆盆子Raspberry	法國（黑醋栗Framboise）
			酒精Spirit	調配用	
		植物／根莖 Plants/Roots	椰子燒酒 Arrack（Oke）		
			夏威夷烈酒 Okolehao		
			龍舌蘭烈酒 Tequila		
			酒精	Spirits調配用	
		穀類 Grain	威士忌 Whisky	蘇格蘭 Scotch	麥牙威士忌
					調配威士忌
				愛爾蘭Irish	
				美國 America	波本 Bourbon
					淡質 Light
					黑麥 Rye
				加拿大	
				日本	
				其它	
			中性酒精 Neutral spirits	調配用	
			伏特加 Vodka	蘇聯	
				美國	
		蔗糖類 Sugar cane By Products	蘭姆酒 Rum	濃質Heavy	巴貝多Barbados
					蓋亞那Guyana
					牙買加Jamaica
				中質Medium	古巴Cuban

（續）表10-2　酒精飲料的結構表

	製造法	原料種類	酒名	原料	口味／產地
酒精飲料(二)	蒸餾 Distilled			淡質Light	波多黎各Puerto Rico
					維京群島Virgin Island
			酒精Spirit	調配用	
酒精飲料(三)	混合或精餾 Compounded Or Redistilled		琴酒 Gin		倫敦London Gin
					荷蘭Hollands
					香味Flavored
			馬鈴薯酒 Akvavit(Aquavit)	馬鈴薯	
			利口酒 Liqueurs	花卉Flowers	
				水果Fruits	
				草本植物Plants	
				香精調味Spices	
				其它Others	
			苦艾蒸餾酒 Absinthe Type		各國型態
			苦精 Bitter	加色加味Aromatic	
				水果Fruits	
			雜項 Miscellaneous	瓶裝預調雞尾酒 Prepared Cocktails	

(三)飲料單項目的分類

飲料單上的類別項目選擇，應考慮酒吧及飲料單的種類、客人層次及飲酒的場合。一般飯店的餐廳，無論中或西餐，飲料單（beverage list）均使用同一個版本，不然就是中餐廳的飲料單會加上紹興酒、陳紹、茅台酒等，而日本料理餐廳會加上暢銷的日本清酒。一般的飯店飲料單的分類如下：

1.開胃酒（Aperitif）：Campari、Dubonnet、Vermouth。

2.雞尾酒（Cocktail）：Brandy Alexander、Side Car，Grass Hopper、Black Russian、Margarita、Kir、Long Island Ice Tea、Martini、Manhantan等。

3.琴酒、蘭姆酒、伏特加（Gin、Rum、Vodka）：

　・Gin品牌：Beefeater、Gordon's、Tanqueray、Gilbey's

　・Rum品牌：Bacardi White、Myers's Dark

　・Vodka品牌：Smirnoff、Gorlovka、Absolut

4.威士忌（Whisky）：

　・蘇格蘭特級威士忌（Scotch Premium）：Royal Salute、Johnnie Walker Premier、Cutty Sark 12 Years、Old Parr、Glenfiddich、Langs 12 Years

　・蘇格蘭特級威士忌（Scotch Standard）：Dewar's、J&B Rare、Teacher's、White Horse、Johnnie Walker Red Lable、Langs

　・加拿大威士忌（Canadian Whisky）：Seagram's V.O.、Canadian Club

　・美國波本特級威士忌（Bourbon Premium）：Jack Daniel's Black Lable

　・美國波本威士忌（Bourbo Standard）：Jim Bean

　・美國威士忌（American Whiskey）：Seagram's 7 Crown

　・愛爾蘭威士忌（Irish Whiskey）：John Jameson

5.白蘭地（Brandy）：

　・干邑白蘭地（Cognac）：Henessy Pasadise、X.O.、Napoleon、Martell Cordon Bleu、V.S.O.P.

6.利口酒（Liqueur）：依不同的口味通常有以下幾種：

　· Cointreau（柑橘口味）

　· Creme De Cacao（可可口味）

　· Cherry Brandy（櫻桃口味）

　· Kahlua（咖啡口味）

　· Grand Marnier（柑橘口味）

　· Benedictine D.O.M.（藥草口味）

7.啤酒與清涼飲料（Beer & Soft Drink）：

　· 啤酒（Beer）：Taiwan Beer、Budweiser、Carlsberg、Heineken、Kirin、Tiger、Corona

　· 清涼飲料（Soft Drink）：各種果汁（Juice）、可口可樂（Coke）、雪碧汽水（Sprite）、礦泉水

8.咖啡與茶（Coffee & Tea）：

　· 咖啡（Coffee）：Fragrant Coffee、Irish Coffee、Mexican Coffee、French Coffee、Espresso、Cappuccino、法式牛奶咖啡（Cafe Au Lait）

　· 茶（Tea）：烏龍茶（Oolong Tea）、香片（Jasmine Tea）、紅茶（Black Tea）

(四)葡萄酒單項目的分類

葡萄酒單如飲料單：

1.香檳（Champagne）。

2.白酒（White Wine）。

3.紅酒（Red Wine）。

4.甜酒（Dessert Wine）。

5.單杯促銷酒（House Wine）。

(五)食物與飲料之搭配

一般人均知道紅肉配紅酒，白肉配白酒的粗略規則。而酒餚的搭配，也是隨客人的口味而變化多端，尤其餐飲從業人員應該多研究其中的奧妙，在餐廳的客人需要點酒建議時，可以依其菜單挑選最速配的葡萄酒來搭配，為餐飲經驗加添一項完美的回憶。

1.食物材料與葡萄酒　：中西餐一致的問題食材有蘆筍、朝鮮薊、鹹魚及醃製物不適搭配葡萄酒。

專欄10-2　飲料的促銷 ··

　　餐廳常做飲料促銷的原因，是因為原料成本低（約占20%）、人事成本低、服務快速方便等。中國人的飲食消費習慣受西方國家的影響，也漸漸可以接受美酒搭配佳餚的用餐方式，但是飲料的營業收入還只是占營業額的25%（一般中西餐廳）-50%（咖啡廳），尚需努力推銷使其增加餐廳的營業額。

　　一般雞尾酒的成本為16%-20%，而整瓶或烈酒純飲的成本可以高達45%-60%，所以聰明的酒保應該多促銷雞尾酒，因為兩杯雞尾酒的利潤將大於一杯的烈酒。至於餐廳的服務員則可推薦客人搭配用餐，點用餐前酒、佐餐酒及餐後酒，甚至可以設計成酒餚餐促銷，當然必須要看客人當時的酒量來做推薦，不可一直推銷。

2.菜餚與飲料的搭配：葡萄酒佐菜的目地在於讓用餐時的口感
味道更和諧。酒與菜彼此陪襯及增色可互添美味。搭配時無
特定的規則，但考慮因素有以下幾點：

(1)口味（flavor）：建議淡酒配口味淡的菜，強酒配口味重
的菜。烹調的作法也會有影響，如下所述：

・炸（fying）：注意不同的炸鍋、炸油、油溫及是否有沾
麵衣、成品口味將大不相同，建議搭配的酒是一般口味
的白酒

・快炒（stir frying）：較適用於蔬菜、海鮮和雞肉。搭配
仍需視主要材料而定，建議搭配的酒Kabinett（German
Rieslings）和Spatlese Halbtrocken

・烹調酒（cooking wine）：烹調酒與佐餐酒之間是否協
調，口味是否相合

(2)顏色（color）：白酒配白肉，紅酒配紅肉。如不知如何搭
配，可用玫瑰紅酒。

・單寧配魚及海鮮常留下金屬味，但做紅酒煨魚，只可用
紅酒

・陳年的香檳味重可搭配野味

・味重的紅肉配濃醬料，如配白酒，將壓過白酒的味道，
如飲白開水

(3)產地（place）：各地區具地方風味的菜可搭配當地美酒。
如法國Alsace的酸菜醃燻豬（choucroute garni）搭配當地
Riesling白酒。

(4)香味（aorma）：葡萄酒的香味與菜餚的香味須互相搭
配。

・水果派可搭配年輕、有鮮果香的甜酒

・乾果蛋糕可搭配有核桃、榛果香的甜酒

(5)酸度（acidity）：酸度高的食物會破壞葡萄酒口味上的平衡，不易搭配。

・加酸醋的沙拉不適配酒

・酸度高的干白酒可搭配海鮮

(6)單寧（tannin）：在口中造成生澀的口感，但可柔化肉類纖維，使肉細嫩。

・單寧遇鹹味或甜味時會產生一點苦味

・含單寧高的強化酒精甜紅酒，適合於用巧克力做的甜點

(7)甜度（sweety）：甜酒適合搭配甜點。

・一般甜點搭配強化酒精葡萄甜酒或貴腐白酒

・甜酒可搭配濃稠的菜餚，例如鵝肝醬和藍黴乳酪

・半甜白酒可配甜點及口味濃的菜餚

(8)價格（price）：不一定貴就是好，只要個人口味喜歡。一種酒也可同時搭配多種食物。

(9)豐富（complex）：簡單食物搭配簡單的葡萄酒，口味精緻的菜搭配口感細膩、多層次及多變的葡萄酒。

・燒烤類口味接近原味，選簡單的酒即可

・加淋醬的主菜，選陳年豐富的酒

(10)探險（try more）：多嘗試不同的搭配，將有不同的體會及樂趣。

(11)互搭（role play）：可以食物為主選擇葡萄酒，或先挑選葡萄酒再尋找搭配的佳餚。

第三節　銷售過程

銷售過程的階段

銷售也是一種過程，其內容分為尋找潛在顧客、規劃並進行業務拜訪、處理客戶異議或問題、完成及結束銷售，繼續追蹤五個階段，每一個階段都有其重要性及需要留意的小地方，整個銷售過程才會順利成功。

(一) 尋找潛在顧客

業務人員外出拜訪前，必須先研究每一位潛在客戶或原來客戶的檔案資料，並向其他的業務人員收集相關的資訊。如果沒有任何資料，就必須自行收集及打聽，儘可能做全面的瞭解，此過程有助於前往拜訪的頻率及銷售簡報的成功。

業務人員必須走出餐廳旅館，藉由各種方法來尋找潛在的顧客，尤其是即將開幕的餐廳，完全沒有客源，需要藉由銷售人員及廣告來找尋客戶。常用的方法有：

1. 盲目尋找：查電話簿、廠商名錄一一尋找。
2. 陌生的拜訪：初次毫無資料的拜訪即為陌生的拜訪，雖不是很有系統的方法，效果卻常使人滿意，甚至有經驗的業務人員是不容易「碰釘子」的。

3. 銷售奇襲戰法：是單次大量人力的主要促銷戰術。是時間急迫時，快速通知及過濾潛在客戶的方法。

4. 經過各種介紹或推薦：例如熟客推薦、廣告傳播、電話行銷及餐飲旅遊展覽等。業務人員應設法在業務拜訪時，建立起與潛在客戶或其秘書的融洽關係與信任。

並非所有的潛在客戶都必須去確認及追求，業務人員應該確認潛在客戶的以下資訊，再依其潛在客戶重要度的大小，去進行規劃拜訪的下一階段。

1. 可以提供業務量的大小或多寡？餐飲、會議或宴會？
2. 財務信貸能力及歷史背景？
3. 你目前的競爭對手？是否有訂合約？給予的折扣？
4. 決定業務量提供的決定者是誰？
5. 可先預訂是「客戶類型」（account）的A、B或C級（A、B、C grade）。

(二)規劃並進行業務拜訪

包括事先接觸、接觸、展示產品及銷售簡報三部分。

1. 事先接觸：為了能在第一次出擊就給顧客良好的印象，建立未來關係融洽的基礎，業務人員必須審慎閱讀及收集潛在客戶的相關資訊。
2. 接觸：安排與潛在顧客及其秘書會面。注意在餐飲專業上，必須扮演引導客人的角色，而不是被顧客牽著鼻子走，或是

顧客一問你才一答。另外，應該把目標放在你的產品及服務上，並引起顧客的興趣。

3. 展示產品及銷售簡報：業務人員必須對每次展示的產品及服務內容完全瞭解，並被賦予若干折扣額度的權限，出發及進入顧客公司門口前，需再次檢查所攜物資，提起自信心及專業度對顧客進行簡報分析。在銷售簡報中，業務人員可以提供各項有關餐飲產品及服務的資訊及搭配給顧客，而顧客的個別需求及問題，也在簡報的交談中，得到解答及確認。注意此時仔細聆聽潛在顧客的需求是非常重要的，尤其是他對你的競爭者的埋怨說明，你一定要在你的公司努力解決而不可再犯相同的錯誤。記得 —— 失去一個顧客，可能要花你六倍以上的時間去挽回他。

(三)處理客戶異議或問題

潛在顧客常常會以業務人員處理異議的方式及技巧，決定是否成為你的顧客。因為餐飲服務的內容是相當繁複多變化的，如果業務人員在發生問題之前不能解決顧客的問題，又如何能在臨發問題時出面解決呢？此時，傾聽及站在顧客的立場，幫助其規劃餐旅服務的角色會較適合。餐飲業務人員最常面對的異議及建議處理方式如下：

1. 抱怨餐飲服務的細節：顧客自己的經驗或其客戶的。可以在有新的餐飲促銷時，贈送折扣券或親自邀請用餐。

2. 要求更多折扣：告知正在評估爭取中，如未能在折扣方面讓顧客滿意，可以在其他方面搭配贈送與產品升級。如客房的

升等或餐飲的配菜。

3. 抱怨業務服務不週：你的或競爭者的業務人員服務有問題，確實記錄在該潛力顧客的資料檔中，將來絕不可再犯同樣的錯誤。

(四)完成及結束銷售

如果潛在顧客的問題及異議可以獲得滿意的答覆，然後就是要嘗試完成結束此次銷售拜訪。所謂完成結束是指獲得顧客的認同，通常會約定好後續的拜訪或服務，甚至可以獲得顧客的預訂、訂金或承諾。潛在顧客完成銷售的口語與肢體暗示：

1. 認同：

(1)你的建議很不錯！

(2)朋友對你們餐廳的評語都很好。

(3)請幫我搭配適合公司預算的餐飲行程！

(4)我希望貴餐廳可以多舉辦此類的促銷活動。

(5)點頭微笑表示接受及滿意。

(6)雙手托頰、身體前傾表示更親切，有興趣再仔細聆聽。

2. 要求：

(1)何時可以拿到訂房代號（reservation number）？（旅館客房部分）

(2)我們的訂位可以保留幾分鐘？（餐廳）

(3)折扣是否可以再低一點？

(4) 如果去訂喜宴，住房是否也有折扣？

(5)我還要請示我的主管才能確認此次的會議用餐地點！

(6)我一定要在年9月19日的晚上時刻舉行婚宴。

　　至於完成銷售拜訪的方式有許多種，列舉餐飲業務人員可能用的三種方法為例：

1. 試探性結束：運用此法判定潛在客戶是否有意購買。業務人員可能表示「需要我幫您查一下訂位狀況嗎？」、「您喜歡坐小吃區或廂房呢？」、「如果您不喜歡吃牛肉可以改成新鮮的海鮮！」。
2. 給予利益選擇結束：如果業務人員判定給予利益與選擇將造成潛在顧客的購買意願，可以在自己的權限中衡量彈性。例如「如果用餐的保證人數達一百人，將特別爭取贈送五人免費；保證人數達八十人，只能或得二位贈送。」、「如果您用現金付款的話，可以免去10%的服務費！」、「我們將免費升等您的貴賓至客房的總統套房！」。
3. 直接邀請購買：因為業務人員已經提供完美的規劃及建議，直接要求潛在客戶下決定購買或預訂。

(五)繼續追蹤

　　即使已拿到顧客訂金，整個銷售過程仍未結束。相反地，此時的後續服務態度，將使顧客決定是否繼續消費或轉移至他處。繼續追蹤包括餐飲服務相關的菜單、飲料酒水、用餐的時間、主賓的特殊要求、當天的服務流程。

第四節　旅館餐飲業務

一、業務部門介紹

　　業務部門與行銷部門、公關部門是可以結合的，視餐廳或旅館的規模大小而有所不同。大型旅館為發揮其個別的效應，需要區分出來，但可能會有溝通及合作的實務問題發生。小型的旅館或餐廳為節省人力，可以將以上三個部門合併為「行銷業務公關事業部」，設主管一至二名，專司行銷、公關各一名，業務二至三名，在有活動、記者會、業務推廣時互相輪調及幫忙，如此員工感覺挑戰性強，將有較強的向心力，待全部事務輪調完也已經兩年了，如此訓練出來的人才是行銷界的「全才」。

　　以下介紹將以大型餐旅機構的業務行銷組織為範例，其組織圖

參閱圖10-1。為了要徹底發揮行銷業務的整體團隊力量，建議可以將行銷部門、業務部門、公關部門合併，或由一位專業的行銷業務總監（director）來統一管理，加強相互合作及溝通的力量。另外，

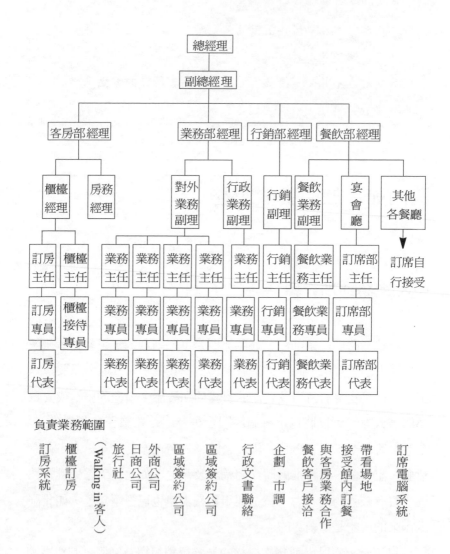

圖10-1　大型餐旅機構的業務行銷組織圖

飯店是否另需要專屬的餐飲業務人員來發揮餐廳的業績呢？無法由飯店的業務統籌處理？應更進一步地細分餐飲訂席與業務人員的工作分配。

二、業務人員的任務

一般客人對飯店業務人員的印象總是穿著光鮮亮麗，或是優閒地與客戶用餐，甚至同飯店的其他部門員工也是這麼認為。其實大家只是看到表面，光鮮亮麗是在國際大旅館中工作的員工必須保持的形象，而與顧客在餐廳中喝咖啡或用餐，早已經過事前繁複的聯絡、報價、拜訪、溝通等工作，可以被邀請來用餐飲的客人皆是在未來有潛力或是已預定場地的顧客，方知館內招待（entertainment, ENT）是需要寫業務報告給直屬主管、財務主管、甚至總經理過目的。

每個專業的業務人員均有專屬的工作職掌，也必須要遵守公司的規定、配合公司的各項業務計畫、完成上級交付的任務等。在組織規模強大的業務系統，其業務是有被分類的，茲分述如下：

1.行政業務人員：負責業務組織的行政、文書、與各部門的聯絡等。
2.對外業務人員：依以下數種方式分類
　(1)業務分區（territory）：比如台北市以忠孝東西路及敦化南北路分為四個區域，每一區域四位業務人員。
　(2)業務的性質：客房、餐飲、大型會議。
　(3)業務的來源：簽約公司、外商、日商、外交部。

三、業務工作職掌

　　各飯店皆會為其銷售人員做好工作職責及範圍的規劃。以下為餐飲業務人員在工作中所需做的各項職務與負責的事項。由飯店的餐飲業務組織系統可知，各個職務從業務協理、業務經理、業務專員及業務代表等，由上而下，各有其不同的工作職掌。本書只簡單包括業務代表及業務經理的工作職掌（如**範例10-1**及**範例10-2**）。

┌───┐
│ **範例10-1　業務工作職掌──餐飲業務代表** │
└───┘

　　職稱：餐飲業務代表

　　工作職掌：

1.接聽辦公室電話及主動與顧客聯絡相關事宜。

2.負責收集及整理客戶資料（可做檔案處理或輸入電腦）。

3.初擬該業務區域年度業務計畫、每月業務拜訪次數。

4.隨時瞭解及配合餐廳各項促銷活動。

5.準備業務拜訪相關資料。

6.撰寫每日業務「call客」記錄。

7.與客房業務人員合作密切，合理分工。

8.重要客人餐敘需打招呼或隨侍在旁。

9.開發各項餐飲客層潛力客戶。

10.瞭解及研修帶看客房（show room）的安排。

11.獨立服務及處理客戶（個人或公司）的各項大小型餐飲活動規劃、報價與聯絡。

12.與業務相關單位聯絡與合作。

13.幫忙收集及瞭解競爭者的動態。

14.配合各項業務活動的人員安排。

15.完成上級主管各項交代事項。

範例10-2　業務工作職掌─餐飲業務經理

職稱：餐飲業務經理

工作職掌：

1.接聽辦公室電話及主動與顧客聯絡相關事宜。

2.負責督導餐飲業務代表收集及整理客戶資料。

3.審擬管轄業務代表之區域年度業務計畫，以及每月業務拜訪
　次數。

4.隨時瞭解及配合餐廳各項促銷活動。

5.協同準備業務拜訪相關資料。

6.督導業務代表之每日業務「拜訪客戶」報告。

7.重要客人餐敘需打招呼。

8.獨立服務及處理客戶（個人或公司）的各項大小型餐飲活動
　規劃、報價與聯絡。

8.督導業務代表與業務相關單位聯絡與合作。

9.收集及瞭解競爭者的動態。

10.完成各項業務活動的人員安排。

11.完成上級主管各項交代事項。

12.分析每月及每季的業務評估報告。

13.年度及節日贈品的規劃與執行。

14.秘書回饋計畫的規劃與執行。

15.年度收入預估,預算的執行與控制。

專欄10-5 業務人員技巧 ••••••••••••••••••••••••••••••••••

你必須相信當人們接受了你,就會買得更多!

作法:強化顧客的自我意向

為每一位顧客開立感情帳戶(顧客資料建檔)。

1.培養出發自內心對顧客的關懷和欣賞的態度。

2.同意並真誠讚賞顧客所同意並讚賞的事。

3.使雙方處在輕鬆融洽的氣氛中。以下特定行為有助於人際
間氣氛融洽:

 ·真誠的笑容

 ·微微傾向顧客,但不給壓迫感

 ·用充滿自信、誠實及體諒的目光注視著顧客

 ·記住顧客的名字,並不時於談話中提及

4.適當運用合宜的幽默。

5.讓對方知道,你無時無刻都在思念他,生意是細水長流…
…

 ·賀卡

 ·生日卡

 ·短函

四、業務標準作業流程

業務部的各業務人員也有標準的作業流程（standard operational principle, SOP）可以去執行，除了其工作職掌外，又把每一個工作列出其詳細的步驟及方法。有了標準作業流程，業務人員可以更有效率地執行工作及達成任務。

(一)工作細項

工作細項（job breakdown）是標準作業流程的一部分，把每一個單一工作分成詳細的步驟，方便初學者學習（如表10-3至表10-6）。

五、訂席、訂房與業務作業系統

訂房、訂席及業務人員同時負責餐廳或飯店的預約（reservation）工作，單獨的餐廳或小型飯店，可以由同一單位來專門負責。但預約房間與預訂餐飲可以是很複雜的工作，尤其是大型的飯店，銷售的產品及促銷的專案眾多，需要把預約的生意分類再細分給不同的相關單位來負責，才可以使各單位發揮更大的效用。

飯店的訂席是屬於餐飲部門，訂房是屬於客房部門，業務有許多重要的工作職掌，自己成為一個部門，如果是小型的飯店可以考慮把此三個單位合併，由單一主管規劃運作，權責劃分更清楚，就不會造成以下的對話。每一位預約的工作人員均可以為客戶做住房及餐飲的預訂服務（如範例10-3）。

表10-3　工作項目FBS01──如何進行電話拜訪

訓練對象：餐飲業務代表	
指導員：餐飲業務專員	
訓練時間：二小時	
步驟	說明／經驗法則
1.決定電訪名單	─由被分配業務區域
2.決定電訪目的	─促銷活動、聯絡細節
3.準備電訪資料	─促銷活動資料、相關競爭者活動
4.致電給客戶關鍵人物	─通常是總務部門、人事部門或業務部門 　之主管或秘書，選擇客戶方便談話的時間 ─業務人員需先對產品有全盤瞭解 ─訪談時機以不影響客戶時間為原則，以免引 　起反效果
5.表明意圖	─先自我介紹並立刻進入主題
6.發揮銷售能力	─瞭解銷售或促銷的產品，適時推廣
7.記錄客戶反應及需求	─隨時記錄
8.結語，完全交易	─誠懇致謝，預約見面、資料傳遞、開口 　邀請顧客購買餐飲產品
9.撰寫電訪報告	─誠實記錄顧客反應及要求
10.建立客戶檔案	─依序追蹤完全服務（電腦及書面檔案）

表10-4　工作項目FBS02——如何進行預約拜訪

訓練對象：餐飲業務代表	
指導員：餐飲業務專員	
訓練時間：一週	
步驟	說明／經驗法則
1.決定預約拜訪名單	一按業務週計畫進行
2.決定此次拜訪顧客家	一上午及下午各出訪一次，每次以三家客數戶為準
3.挑選拜訪對象	一以地區相鄰，交通順暢便利為主。大台北地區以商務大樓為基準
4.預計拜訪時間	一預計每家以二十至三十分鐘為準，需加入交通時間
5.當天再致電確定拜訪時間	一早上09：00之後再致電約，控制抵達時間
6.調整拜訪對象	一如臨時有變化，從業務週計畫中調整
7.拜訪目的、資料及小禮品	一sales kit①（銷售產品資料、報價單、準備促銷活動資料）、相關競爭者活動、名片、各式小禮物
8.服裝儀容檢查，聯絡交通工具	一計程車資實報實銷
9.出發	
10.誠實記錄拜訪內容	一發揮銷售能力誠懇致謝，資料傳遞
11.結語，完成交易	一開口邀請顧客購買餐飲產品、誠懇致謝
12.撰寫拜訪報告	一特別需註明商機的潛力，或目前談論的case細節
13.建立客戶檔案	一依序追蹤完成服務（電腦及書面檔案）
①sales kit（客用資料夾）：飯店的客用資料夾常包括飯店簡介、客房價目表、宴會資料、菜單、最新餐飲促銷的宣傳品	

表10-5　工作項目FBS03──如何做餐飲宴會、會議介紹

步驟	說明／經驗法則
訓練對象：餐飲業務代表	
指導員：餐飲業務專員	
訓練時間：一週	
1.瞭解及準備宴會會議各項資料	─宴會會議場地最大容量、平面圖、排法（教室型、劇院型）、價目、宴會菜單、如何做重點介紹 ─介紹可提供會議之項目： ・容納人數&場地佈置 ・會議設備&租金收費標準 ・場租及使用時段 ・相關之服務──紅布條、海報、布幕等 ・相關規定（不可攜外食）
2.依客戶需求介紹適合的場地	─瞭解宴會性質、日期、人數、準備客用資料夾、名片
3.事先確定適當的場地於客戶需求時段沒有其他預訂	─如場地仍未出租，介紹需求的項目：場地、設備、價格、折扣、菜色、相關服務①
4.抓住顧客的心	─②
5.於介紹中瞭解是否有考慮其他競爭者	─如有，再次強調自己的特點及配合度
6.口頭報價	─視業務量、商談的進度是否需招待飲料或咖啡（後附書面報價）③
7.完成交易	─視顧客意願，彈性保留該場地，並告知保留的時間
8.送客	─誠懇致謝，視業務潛力贈送小禮物
9.建立客戶檔案	─依序追蹤直至確定場地及預付訂金（電腦及書面檔案）

①如場地已出租：瞭解改變時段的可能性或考慮第二選擇，甚至介紹競爭者給顧客，因為通常你不介紹顧客自己也會找，但此時可顯示出你不是只想賣東西給他，而是為其設想並幫忙解決，想必未來他會對你印象深刻

②站在顧客的角度並針對其需求來設計，做其「顧問」而非售貨員，給予顧客量身訂做的感覺

（續）表10-5　工作項目FBS03──如何做餐飲宴會、會議介紹

③建議傳真書面報價應於show room同日完成，並在其中告知每一細節及限制。常常顧客會在同一天參考與比較你的飯店及所有競爭者，再回去討論。如果你積極誠意且有效率地完成每一個報價，同樣反應出你的配合誠意及溝通行政效率，在客戶舉辦宴會或會議當天也同樣需要你的如此幫忙，故此作法通常成功的機率非常地高

表10-6　工作項目FBS04──如何處理顧客抱怨

訓練對象：餐飲業務代表	
指導員：餐飲業務副理	
訓練時間：一個月（參考實例）	
步驟	說明／經驗法則
1.瞭解抱怨事件發生的本末	─與顧客面對面聆聽狀況並確實記錄
2.確實記錄事件發生時間、地點、人物與原由	─如在服務現場，則會同現場主管處理
3.如現場主管無法處理抱怨，可會同大廳值班主管當場處理	─如果事後抱怨，需視情況嚴重程度，向發生單位詢問事由、後續是否處理及如何處理
4.來電話或在客戶處之抱怨，應行口頭報備並速備書面報告呈報，報告內容務必據實重點條例	─據實重點報告
5.個人存檔並於時限內追蹤內部溝通之結果	─追蹤結果三至六天
6.務必儘速完成抱怨處理	─視案件重大程度，由主管核示執行方式
處理經驗：	
①業務人員應以客觀角度完全瞭解狀況與客人不滿之處	
②緩和抱怨者情緒：(1)聆聽狀況；(2)請現場主管稍作致意安撫；(3)承諾儘速處理與回覆	
③不應主觀下定論，與現場服務人員起衝突	

訂房部分：

總機：Good Morning, Gin-Wen International，景文大飯店，您好！

客戶：請問五月三日的房間還有嗎？

總機：您要訂房，我幫您轉接訂房組，請稍等一下。

訂房組：Good Morning，訂房，您好！

客戶：小姐，我需要五月三日的房間七至八間。

訂房組：小姐，您需要雙人房還有單人房？

客戶：我需要單人房五間，雙人房三間。

訂房組：請稍等一下，我幫您查一下……（電腦鍵盤聲），小
　　　　姐，目前還有房間，但是請您稍待一下，超過七間客房
　　　　的訂房，將請業務部的小姐幫您報價。

業務部分：（訂房轉告業務客電及所需房間內容）

業務：Good Morning, Sales. This is Monica. May I help you？

客戶：小姐，我要訂房。

業務：是的。小姐，請問您貴姓？

客戶：敝姓陳，耳東陳。我們是某某機械公司。另外需要在五月
　　　三日晚上訂一桌中餐，你們那裡有什麼好的中餐？

業務：請您稍待一下（過濾某某業務公司不是目前的重要客戶）
　　　。陳小姐，有關客房的部分，我將為您服務傳真訂房報價
　　　單給您，請您過目後再回傳至本飯店，您的公司電話及傳
　　　真號碼？

客戶：電話是86668888，傳真號碼是86666666。

業務：是的。陳小姐，我重複您的電話是86668888，傳真號碼是

86666666。五月三日單人房五間，雙人房三間。有關餐飲
的部分，我將為您轉接餐飲部的訂席組，由他們為您服務
及報價。

客戶：怎麼這麼麻煩，小姐，可不可以找妳一個人就好？

業務：對不起！陳小姐，這是我們飯店的規定。我將為您轉接，
請您稍待。（音樂聲）

訂席部分：（業務與訂席說明客戶需求）

訂席：陳小姐，您要訂五月三日的晚餐，我們有廣東菜、台菜、
江浙菜。價位有15,000元到20,000元的。

客戶：我們客戶是美國人，但是老闆喜歡吃江浙菜，妳幫我配
15,000元的菜好了。

訂席：是的。我需要您的公司電話及傳真號碼？

客戶：我已經告訴上一位小姐了！

訂席：是的。我再查好了。陳小姐，謝謝您！我會儘速報價給
您。

客戶：謝謝。

(一)業務人員權責的劃分

在飯店中，最主要的業務負責單位是飯店的業務部門，可以把
其可能接觸到的業務加以分類，視其內容及重要性再分配給訂房及
訂席單位負責。但是如遇到重要的客戶，無論客戶是何種要求或生
意，均需由業務部的專屬業務人員來負責。業務生意分類的方法是
以與飯店有否簽約來分類，有簽約的客戶稱為企業客戶（corporate
account）。

1.客戶為業務部的簽約公司，且為重要的客戶（key account 或 main account）：

   (1)convention package：包括住房、用餐及會議的生意，由業務部人員統籌負責，與客戶報價、聯絡、接洽、簽約、迎接、現場招呼、事後諮詢服務等，均由同一人負責，但需向訂席詢問場地是否有空及預訂，並儘早收取訂金確認。通知訂席保留場地必須要填寫訂席知會表。

     ・如場地可以使用，先保留並下書面的訂席知會表

     ・如場地已被其他生意保留，業務應與訂席合作，儘速確認該場地是否仍有機會，或另尋其他場地給予客戶

     ・如場地已有其他的生意確認，業務應尋找其他合適的場地，並徵詢客戶的同意

   (2)使用餐飲及部分客房：由業務人員進行統籌的接洽及報價，並填寫訂席知會表。

   (3)只使用餐飲部分：由業務轉移給訂席人員接手服務及報價。業務人員應把事前接洽的細節全部提供予訂席，並給予適當的幫助。

2.為業務部的簽約客戶，但非主要的客戶：由業務人員負責接洽，並知會訂席組人員接手。

(二)作業系統圖表

以飯店的整體業務部門的客房業務、餐飲部的餐飲業務與訂席人員，以及客房部的訂房人員為例，來說明三部門的互相分工及合作（參閱圖10-2）。其中的每日宴席一覽表應拷貝傳送的部門及單位有總經理、業務部、公關部、設計部、餐飲部（由餐飲部拷貝分

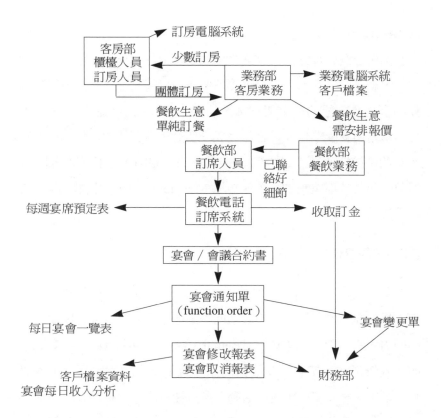

圖10-2　飯店的訂席、訂房與業務作業系統

發給各營業餐廳）、總機、大廳、客房部及門僮（door man），凡是
有可能回答顧客問題及提供服務的單位與人員，皆需知道館內的每
日活動名稱。

　　客房業務的權責不是全部在業務部上，凡是一般的詢問及少數
的客房預訂，可以轉至訂房部門服務，其實在上班時間，訂房的電
話無時無刻不在響著，如果雙方都忙碌，其實業務部的行政人員可
以幫得上忙。至於訂房人員如接到團體訂房或包含餐飲的訂房，均

必須轉由業務部人員統一對外報價。甚至如果是簡單的訂房，再由業務部轉移餐飲部分到餐飲業務的案子，最好對外聯絡都是同一窗口，也就是由業務部人員來統籌報價，所以業務部人員必須瞭解餐飲的產品及各種的菜單與安排，如此才不會造成客戶的困擾與不便。常常與餐飲業務人員合作完成一個客房與餐飲的活動，在決定所有的細節後便發「團體通知單」（group order）至相關的部門及單位，與餐飲部業務的宴會通知單（funciotn order）搭配，飯店的一個個活動便產生了。

(三)業務報價信

業務人員每日需依顧客的要求做報價的動作。對於國內的顧客，通常簡單的報價可以用電話回答，如報價項目眾多，則需用打字的方式──報價單來傳真或e-mial，國外的顧客也必須用報價信的方式較正式。業務人員發出的第一封報價信，常常是為了下個月、半年後、甚至一年後的活動，所以要有耐心地依顧客的提示，規劃出最適時的活動行程及報價，另外加上殷勤親切的服務態度、快速準確的服務規劃，可以使quota按時完成。

以下的三個業務報價信有中文及英文的範例，包含了餐飲、會議及客房提供給讀者參考（如**範例10-4**至**範例10-6**）。

(四)訂席人員

訂席人員與餐飲業務人員最大的不同是，業務人員通常負責對外的銷售，而飯店的訂席人員負責飯店中的訂餐，大多在工作崗位上接聽電話、與客人用電話及傳真聯絡細節、和師傅討論菜單再與顧客確認，此時如一切順利，即可與顧客簽訂合約（contract），

陽洲國際公司

劉燦雄 經理

TEL：02-8888888*1200

FAX：02-66666666

報 價 單

劉經理：

　　您好，感謝　貴公司對台北景文大飯店之愛護與支持，有關 貴公司於民國90年1月27日擬假本飯店住房、會議及宴席乙事，報價如附（共三頁）。報價部分：已爭取給予最優惠折扣及菜色，若有任何疑問或不詳盡處，請不吝來電賜教。為便利後續作業，請於90年1月10日前確認本案，並將本報價簽認傳真回本部門，以確保彼此權益，謝謝合作。

　　祝

　　　商　祺

台北景文大飯店

業務部　經理

王　小　文

89年12月30日

一、住房部分：

　　住房日期：90年1月27日C/I（1夜）

　　　　　　　90年1月28日C/O

　　住宿人數：三十人

　　房間總數：三十間

　　房間型態：商務單床客房住宿1人 @NT$3,500 net ×30間

　　房價內含：

　　(1)上述房價含稅金及服務費

　　(2)每房附贈一客自助早餐

　　(3)迎賓飲料每房乙份

　　(4)水果盤／每間乙份

　　(5)中文日報／每間乙份

　　(6)免費使用三溫暖及健身房設備

　　(7)房客免費停車服務

　　附註：

　　(1)上述房價，僅適用於二十間以上之住房。

　　(2)請於90年1月10日以前確定房間數，逾期則視當時本飯店情況不再
　　　作房間之保留。

二、會議部分：

　　日期／時間：90年1月27日09：00-17：00上下午時段

　　人數：六十人 教室型

　　地點：Room 501

　　場租：每時段NT$10,000 以七折計算=NT$7,000×3時段

　　茶點：@250+10%／位，咖啡／茶、蛋糕、餅乾

　　以上場租費用內含：

(1)接待桌／接待花

(2)講台／講台花

(3)白開水

(4)紙、筆

(5)麥克風二支

(6)大白板及筆

(7)大型電動銀幕

(8)投影機及投影機一台

(9)大型海報壹張（放置五樓，請告知海報內容）

三、餐飲部分

日期：90年1月27日

時間：12：00-14：00

人數：四十二人

餐式：西式自助餐

餐價：每人NT$650 +10%

地點：自助餐廳

時間：18：00-19：00

人數：六十人

餐式：海鮮桌菜

餐價：每桌NT$12,000 +10%（10人/桌）×6 桌

地點：宴會廳

日期：90年1月28日

時間：06：30-08：00

人數：三十人

餐式：中西日式自助早餐

餐價：已含於房價中

地點：自助餐廳

四、付款方式

(1)按上述報價，本次活動 總費用預估為新台幣柒拾萬玖仟柒佰壹拾陸
元整（NT$709,716）平均每人$16,898元

(2)請於確認後，於89年12月19日前，電匯客房保證金新台幣 拾萬元整
（NT$100,000），至

銀行：中國銀行 安定分行

戶名：（股）公司

帳號：888100013288

(3)尾款部分（視實際住房或餐飲等消費），請於活動結束時現場結清。

(4)請於匯款後，將匯款單傳真至

（02）7777-7777 台北景文大飯店 業務部 王小文

(5)貴公司如需開立三聯式發票，請提供下列正確資料：

發票號碼：

發票抬頭：

發票地址：

台北景文大飯店	陽洲國際公司
業務部經理	劉燦雄 經理
王　小　文	月　　日
89年12月12日	

P.S.此報價信包括了顧客回簽的部分，可以幫助業務人員確認及催收
訂金。

報價單

公司名稱：台灣氧氣公司

聯絡人：莊小梅小姐

電話：02-5005000

傳真：02-5088888　　　　　　　　　　　　　　Date：06/11/1998

莊小姐：您好！

感謝您對本飯店之愛護。以下為 貴公司6/27-6/28二天會議、住房、餐飲之報價，計費方式有兩種：(1)以會議專案計費：NT$1,200net/人，每天保證二十五人；(2)分開計費。（如附，共二頁）

1. 會議專案方式：6/27、6/28兩天上、下午時段，CR503會議專案NT$1200net/人（每天保證二十五人）。如不足二十五人，以二十五人計。包括：

   (1)費用已包含白板、簡報架、講台、會議用紙及鉛筆、會議指示牌、麥克風兩支、會議音響設備、會議專人服務。

   (2)免費使用大型電動銀幕、投影機或幻燈機一組（二選一）。

   (3)每天下午一次Coffee Break（二十五人份），採用精緻蛋糕及餅乾。

   (4)第一天西式套餐NT$450+10%（每天保證二十五人），第二天中式套餐NT$450+10%（每天保證二十五人）。菜單如後附，請確認。將另開場地用餐。

1.會議專案計費方式

場地／設備	單價 NT$		單項總價	
會議專案 （含場租、茶點 、午餐）	Room503，6/27 西式套餐 6/28 中式套餐（菜單如後附）	@$1,200net ×28 人 ×2天	67,200	
晚餐	西式自助餐@$650+10% 或 中式桌菜$10,000+10% ／桌 ×3 桌(12人/桌)，加人加量 $900	650x1.1 ×36 or 10,000 ×1.1 ×3	25,740 or 33,000	
餐飲總價			92,940 or 100,200	
客房總價	6/27　13間雙人房(Twin) 　　　2間單人房(SSG)	・（2,800+300） 　×1.1×13間× 　1天 ・（2,500+250） 　×2間×1天	49,830	
總價			142,770 or 150,030	

2.分開計費方式：

	場地／設備	單價 NT$	單項總價
6/27-6/28	CR503上下午四時段，現場 32座位，6/27 16:00加4 椅子 6/27 10:00-12:30, 14:00-18:00 6/28 10:00-12:00, 13:30-17:30	5,000／時段 ×4	20,000
午餐	6/27 美樂琪西式自助餐@$550+10% 6/28 江浙菜@$500+10%套餐	$（550+10%）×28 $（500+10%）×25	16,940 13,750
茶點 兩次 6/27 15:45-16:00 6/28 15:30-15:45	CR503用	@$（160+10%） ×28 ×2次	9,856

	場地／設備	單價NT$	單項總價
晚餐	西式自助餐@$650+10%或 中式桌菜$10,000+10%/桌 ×3桌（12人/桌），加人加量$900	650×1.1x36 or 10,000×1.1x3	25,740 or 33,000
餐飲總價			86,286 or 93,546
客房總價	6/27 13間雙人房(Twin) 2間單人房(SSG)	・（2,800+300）× 1.1×13間×1天 ・（2,500+250）× 2間×1天	49,830
總價			136,116 or 143,376

租借器材：八折。

停車辦法：會議消費額每滿1,000元，免費優待一小時停車。如為住
　　　　　客，停車全免。

付款方式：請確認。

以上如有任何不詳盡之處，尚祈您續予鞭策與賜教！

敬祝　諸事順利

　　　鴻運大展

　　　　　　　　　　　　　　　　　　　台北大飯店

　　　　　　　　　　　　　　　　　　　業務部經理

　　　　　　　　　　　　　　　　　　　王 小 文

Ms. Berlinda Lin　　　　　　　　　Date：Feb. 7, 2000

Marketing Officer

Exportradet Taipei

England Trade Council

Fax：02-7576969

Dear Betty,

　　It was so nice to talk to you again after such a long time.　Thank you so much for considering the Grand Gin-Gin Taipei as the venue for the above mentioned Conference.

　　Here is the quotation for your perusal：

FUNCTION：

Date	Time	Activities	Location	Cost		Remarks
4/12	08:00~ 10:00	Meeting	CR501	Rental(08:00~12:00) Overhead Projector with Screen Slide Projector with Screen TV+VCR(multi system) Clip Mic*2 Laser Pointer*2	$10,000 $ 1,300 $ 2,600 $ 3,500 $　400 $ 1,400	Seating for 38 persons, classroom Also includes: drinking water、 2 set of mic、 centerppiece for the head table、 stationary(paper、pencil)
	10:00~ 10:30	TEA TIME	CR501	Coffee Break (@160+10%*38Pax）	$ 6,688	Tea/Coffee+ Cake&Cookies
	10:30~ 12:00	Meeting	CR501			
	12:15~ 13:00	Meeting F&B		@450+10%*38Pax (Light Lunch）	$18,810	Westen or ChineseSet Menu
	13:10~ 15:00	Meeting	CR501	Rental（13:00~16:00）	$10,000	
	15:00~ 15:20	TEA TIME	CR501	Coffee Break (@160+10%*38Pax）	$ 6,688	Tea/Coffee+ Cake&Cookies
	15:20	Meeting				

Initial Sub Total：$61,386.

Discount：

1.Rental 10,000*20% off=8,000（08:00-12:00）

2.Overhead Projector with Screen 1,300*free=0

1.2 set of Slide Projector with Screen 1,300*2*50% off=1,300

2.TV+VCR（Multi System）3,500=3,500

3.Clip Mic*2*200*free=0

4.Laser Pointer*2*50% off=700

5.Coffee Break@160*10%*38=6,688

6.Rental 10,000*20% off=8,000（13:00-17:00）

7.Coffee Break@160*10%*38=6,688

8.Light Lunch@450+10%（Westen or Chinese Set Menu）*38=18,810

Discounted Sub Total =$53,686

Date	Time	Activities	Location	Cost		Remarks
4/13	08:00~ 10:00	Meeting	CR503 & CR504	Rental（08:00~12:00） Overhead Projector with Screen*2 Slide Projector with Screen*4 TV+VCR（multi system）*2 Clip Mic*2 Laser Pointer*2	$10,000 $ 2,600 $ 5,200 $ 3,500 $ 400 $ 1,400	Seating for 38 persons, U-shape Also includes： drinking water、 2 set of mic、 centerppiece for the head table、 stationary（paper、pencil）
	10:00~ 10:30	TEA TIME	503室	Coffee Break （@160+10%*38Pax）	$ 6,688	Tea/Coffee+ Cake&Cookies
	10:30~ 12:00	Meeting	503室			
	12:15~ 13:00	Meeting F&B		@450+10%*38Pax （Light Lunch）	$18,810	Westen or ChineseSet Menu
	13:10~ 15:00	Meeting	R03室	Rental（13：00~16：00）	$10,000	
	15:00~ 15:20	TEA TIME	503室	Coffee Break （@160+10%*38Pax）	$ 6,688	Tea/Coffee+ Cake&Cookies
	15:20	Meeting	CR503			

Initial Sub Total：$65,286

Discount：

1.Rental 5,000*2*20% off=8,000（08:00-12:00）

   5,000*2*20% off=8,000（13:00-17:00）

2.Overhead Projector with Screen 2,600*50% off=1,300

3.4 set of Slide Projector with Screen 5,200*50% off=2,600

4.TV+VCR（Multi System）3,500*2=7,000

5.Clip Mic*2*200*free=0

6.Laser Pointer*2*50% off=700

7.Coffee Break@160*10%*38=6,688

8.Coffee Break@160*10%*38=6,688

9.Light Lunch@450+10%（Westen or Chinese Set Menu）*38=18,810

Discounted Sub Total=$59,786

Date	Time	Activities	Location	Cost		Remarks
4/14	08:00~ 10:00	Meeting	CR501	Rental（08：00~12：00） Overhead Projector with Screen Slide Projector with Screen TV+VCR（multi system） Clip Mic*2 Laser Pointer*2	$10,000 $ 1,300 $ 2,600 $ 3,500 $ 400 $ 1,400	Seating for 38 persons, classroom Also includes： drinking water、 2 set of mic、 centerppiece for the head table、stationary （paper、pencil）
	10:00~ 10:30	TEA TIME	CR501	Coffee Break （@160+10%*38Pax）	$ 6,688	Tea/Coffee+ Cake&Cookies
	10:30~ 12:00	Meeting	CR501			
	12:15~ 13:00	Meeting F&B		@450+10%*38Pax （Light Lunch）	$18,810	Westen or ChineseSet Menu
	13:10~ 15:00	Meeting	CR501	Rental（13:00~16:00）	$10,000	
	15:00~ 15:20	TEA TIME	CR501	Coffee Break （@160+10%*38Pax）	$ 6,688	Tea/Coffee+ Cake&Cookies
	15:20~ 17:00	Meeting	CR501			
	18:00~ 21:00	Dinner Party	4F Moon Room	$10,000+10% for 12 pax per table, $900+10% for added guest total：$34,980		12 pax /per table 16 pax table availabe

Initial Sub Total：$96,366

Discount：

1.Rental 10,000*20% off=8,000（08:00-12:00）

  10,000*20% off=8,000（13:00-17:00）

2.Overhead Projector with Screen 1,300*free=0

3.2 set of Slide Projector with Screen 1,300*2*50% off=1,300

4.TV+VCR（Multi System）3,500=3,500

5.Clip Mic*2*200*free=0

6.Laser Pointer*2*50% off=700

7.Coffee Break@160*10%*38=6,688

8.Rental 10,000*20% off=8000（13:00-17:00）

9.Coffee Break@160*10%*38=6,688

10.Light Lunch@450+10%（Westen or Chinese Set Menu）*38=18,810

Discounted Sub Total=$88,666

Food & Beverage Grand Initial Sub Total $61,386+65,286+ 96,366=$223,038

Grand Discounted Sub Total $53,686+59,786+88,666 =$202,138

ROOM：

Duration： April 12-12, 1996（Friday-Sunday）

Room Rate：Single room at special rate of NT$3,400 plus 10% service charge or Gin-Gin Club at 25% discount off the publilshed rate（see attached）.

Hope the above meets your specification, please do let me know any time if there is any question.

Berlinda, I look forward to welcoming you Friday at the Gin-Gin Taipei. Warmest regards.

David Chen

Sales Manager

Grand Gin-Gin Taipei

（參考表10-7），以及邀請顧客付訂金，以保障飯店及餐廳的生意量。訂席人員如宴會中的靈魂人物，因為餐廳現場服務人員是看宴會通知單做事及收錢，故訂席人員必須把顧客要求的每一細節，寫在宴會通知單上。訂席人員在填寫宴會通知單需注意事項如下所述（參考表10-8及表10-9）：

1. 政府官員或VIP蒞臨，應在宴會通知單上註明，並請相關的業務人員、公關或總經理接待。
2. 宴會通知單應詳細註明付款方式及付款人名。
3. 需附上詳細的場地佈置圖。
4. 展示商品須配合採購的進貨時間及配合使用電梯的時間。
5. 展示會如需特別的電力，須事先取得全部用電量，通知工程部人員牽線。
6. 如宴會通知單註明需現場工程人員隨侍服務時，需幫助聯絡工程部人員。
7. 臨時吧檯的設立，應清楚使用時間、人數及等級。
8. 宴會通知單務必清楚註明佈置時間、開始及結束時間。
9. 由業務部人員開立團體通知單，包含團體的訂房與訂餐事宜（參考表10-10）。

一般需一個月以上的訓練，才可以讓一位餐飲部的訂席人員獨立作業，因為訂席人員必須完全瞭解及掌握餐廳，及宴會廳可以提供的服務項目、調配及彈性，還有與客房業務人員的合作溝通，所以飯店常常會希望有外場經驗的領班或主管來勝任訂席的工作。其他訂席應該注意的事項如下：

表10-7 合約範例

宴會名稱 Name of Function		餐價 Charge Per Guest/Table
地址 Address		電話號碼 Tel No. Office Home
宴會日期 Date of Function	宴會時間 Time of Function	聯絡人 Person to Contact
宴會地點 Location	場租 Rental Charge	宴會性質 Type of Function
保證人數或桌數 Cuaranteed No. of Guests/Tables	人數最大容量 Max. Capacity	訂金 付款方式 Deposit Method of Payment
場地佈置及注意事項 Arrangements, decorations and other instructions		會議設備 Equipment

1. 宴會時凡有樂隊演奏及歌唱等娛樂節目，應事先向市政府教育局申請持有准演證明方可演出。
2. 最低保證桌（人）數必須於宴會舉行七十二小時以前予以確認，宴會終了如未達保證桌（人）數時，本飯店將按擔保之標準收費。
3. 宴會帳款請於宴會結束後全額以現款一次付清，如保簽帳，必事先經單位主管核准簽認，並於即日起15天以內兌現付清。
4. 如各項宴會一經簽訂合約，顧客因故於宴會舉行日前一個月內取消者，除訂金沒收外，應補償本飯店之損失（最低保證桌數之一半金額）
5. 由本店或本飯店代治之第三者提供之額外服務，經列出明細並逐條加以確認，視同合約之條款。
6. 租用場地施工時，與會議進行期間，不得在牆壁釘掛物品，或使用雙面膠，或變更室內任何裝潢、擺設，如因上述原因損壞本飯店之裝潢或損壞其他向本飯店租借之器材設備者，需負賠償責任（請參閱聲明書）。
7. 任何電器設施，請事先協商安裝事項。租借本飯店之視聽器材，若於當天才通知取消，費用則以原價計。
8. 各項會議與宴會請勿攜帶任何食品、飲料和冰雕。
9. 本飯店不負下列保管責任：
   (1) 會議前一天所寄存於會議室的視聽器材。
   (2) 會議結束後，卻仍放置於會議室之自備或外租的視聽器材。
10. 宴會合約一經簽訂，不得要求退還訂金或補吃。

1. Government approval is required for any entertainment activities.
2. Confirmation of the minimum guaranteed number of guests or tables must be made at least 72 hours in advance. In the event that the actual turnout is less the charge will be for the guatanteed minimum.
3. Payment should be in cash or by credit card and made immediately upon completion of the function. Credit arrangements must be made in advance. Promissory notes must also be previously arranged and made payable no later than 15 days after completion of the function.
4. A cancellation fee of 50% of the minimum guatanteed amount shall apply when a cancellation is made 30 days or less prior to a function.
5. Additional services rendered by the hotel or any third party and specified herein are subject to the conditions of this agreement.
6. Any material provided by the guest (posters decorations. etc.) shall not be affixed to hotel property with nails. glue. tape or any other material or substance. Please refrain also from rearranging furniture or decorations. Any damage to the premises must be compensated.
7. To ensure your safety the hotel shall be consulted about the usage of any outside electrical equipment or apparatus. If the guest cancels the rental on any equipment on the day of the scheduled activity the normal rate will still be charged.
8. Guests at any function shall not supply their own food or beverages. Neither are ice carvings allowed in the banquet hall.
9. The hotel is not responsible for the possible loss of items under the following conditions:
   (1) If the equipment is stored in the conference room the night before the meeting.
   (2) If the equipment is left in the conference room after the meeting is over.
10. Upon signatrue of the banquet contract the deposit becomes non-refundable in the event of cancellation.

表10-8 宴會通知單的中文範例

宴會作業通知
EVENT ORDER

發文日期8年12月24日   ORDER NO:0002264

宴會名稱		聯絡人			統一編號			
張魏府喜宴		電話			訂金　收據			付款人
宴會日期：84年01月02日		星期			NT$			接洽人

受文單位

	時間	性質	地點	保證數	預估數	付款方式 □現金　　　　□信用卡
□ 業務部	12:00~14:30	喜宴	廳1	20桌	22桌	□票據 銀行帳號_____ 即期或___天內期票
✓ 餐飲部						□簽帳 收款日_____ 收期期票或___天內期票
✓ 花房						□其他方式
□ 公關部						
✓ 財務部					出納注意事項：
□ 應收帳款					停車券34張

□ 庫房	菜單				客務部注意事項：
✓ 工程部	素廚12:30 保證20桌，預估22桌				贈US一間，佈轉宴會廳
□ 採購部					01/02 10:30 C\I, 01/03C\U
✓ 房務部					
□ 市內室	吉祥如意		每桌菜色 $8,000		宴會廳注意事項：
✓ 客務部	果香珊古				
✓ 服務中心	銀珠玉樹				
✓ 餐廳出納	山川菜景				＊主桌一桌，現場設25桌
□ 飲務組	荷花明月				＊中式行禮全套，觀禮
✓ 行政主廚	翡翠鴿鬆				＊備接待樂+花
✓ 中廚	法海蓮香				＊新娘更衣室
✓ 餐務組	清香雪餅				＊客人自備酒水，開瓶費不收
✓ 素菜主廚	竹笙寶盅				
□ 台菜主廚	美‧點雙味				
✓ 宴會廳	可口甜點				
✓ 監控室	應時水果				
□ 其他			FOOD CHARGE		
			NT$ 80,000 人／桌 +10%		

飲務部注意事項：	工程部注意事項：
	10:30音響MIC立式一支
	桌式一支
＊客人自備酒水	

餐務部注意事項：	客人資料：
當日請派員 STAND BY	現場負責人：
	：
花坊項目　先用當日晚擺之花門	聯絡地址 新郎：
羅馬花柱1對　　　　花門　　座	新郎：
主桌花　1盆　　　演講台　　盆	地址：
圓桌花　21盆　　　供桌　　盆	其　他：
接待桌花1盆　　　主桌四面花　盆	

□ POSTER	其他注意事項：
張魏府喜宴　　　　　　　　1大張	
1小張	房務部公請：請維持B2之整潔

PREPARED BY 胡夢蕾 ox.2826　　BANOUET MGT. Monna Hu　F&B MGR. David Chen

資料來源：台中長榮桂冠酒店

表10-9 宴會通知單的英文範例

Function Order

No: 12144
DATE:Oct.6,1995

SALES: Agnes Chu   APPROVED BY: _____ NATURE OF FUNCTION: Press conf.

NAME OF EVENT: _____ Cyrix 6X86處理器產品發表記者會 _____

DATE: Monday, October 9, 1995   TIME: PSU:12:00am-2:00pm

VENUE: Egret room   press:2:00pm-4:30pm

COMPANY: ERA PR   CONTACT PERSON: Ms.蘇依雯

ADDRESS: 3F., No. 32, Lane 31, Fu Hsing North Road. Taipei

TELEPHONE NO. (O):718-5751   (H):_____ TELEX/FAX NO: 716-1488

MENU PRICE: NT$110/apx   EXPECTED ATTENDANCE: 25/30 pax

FOOD DETAILS ATTN:Mak Hung /Steven Shih/Robert
· Please prepare coffee and tea at NT$110 per pax, to be served on table upon arrival.

BEVERAGE DETAILS
Nil

BILLING INSTRUCTIONS ATTN:Dominic Lau/Steven
· All F&B plus 10% S.C.
· Room rental: NT$10,000
· Coffee, tea: NT$110/pax x no.
· Microphone: NT$600
· Settlement:Credit card(as contact person)

DEPOSIT PAID Nil

SPECIAL INSTRUCTIONS Attn:A-Yi/Steven
· Signage:as above
· Guests own Banner
· 1 podium with mic/ 1mic on head table
· Table cards:
陳立行 Co-country Manager; Director of
　　　　Marketing & Engineering
林明璋 Co-country Manager; Director of Sales
戴宏展 Director of Engineering for Asia
梁智泉 FAE Manager for Taiwan

ROOM SET UP: as floor plan   STAGE _____ BACKDROP_____
TABLE ARRANGEMENT: C'tail round   HEAD TABLE: 1T/4pax   RECEPTION:1T/2pax
PODIUM: 1   MIC 2   MUSIC_____ SPOT LIGHT:_____
LINEN Option
FLOWERS: C'tail round and reception
MEETING SET-UP

資料來源：台北凱悅大飯店 宴會廳

表10-10　團體通知單

```
                    台北金金大飯店
                    GIN-GIN HOTEL        Tour No._____
                    GROUP ORDER          Date    1999/06/18

TOUR NAME：大里青商會
TOUR LEADER：陳大里主委
CONTACT NAME：陳大里主委          TEL：04-4071111
ARRIVAL DATE：9/20    FROM    VIA    ETD
DEPARTURE DATE：9/21    TO 台北    VIA    ETD
ESTIMATE C/I TIME：_____
ESTIMATE C/O TIME：            BAGGAGE DOWN：
NO. OF PERSONS：_____
NO. OF ROOMS：
             一般樓層 SSG  6 間      @3,500+10%
             商務樓層 SSG  5 間   @3,800+10%
REMARKS：
        9/21至花蓮，若遇颱風或道路坍方，
           將取消花蓮之行而續住一晚
MEAL REQUIRED：DATE  TIME  PRICE    PAX    PLACE
BREAKFAST：
LUNCH：
DINNER：
OTHER REQUESTS：
PAYMENT TERM：  由陳大里先生付現結清所有帳

PS.6/28 已匯訂金NT$10,000元

DATE ENTERED：1999,09,13  ISSUED BY  Monica   APPROVED BY_____

COPY TO： F. O. MGR.      F&B MGR.   H.K. ASST. MGR.
     F&B RSVN       A/C COMPTROLLER
     GENERAL AFFAIRS
```

1.合約簽訂：

　(1)一般合約：

　　　・合約書不得有塗改或修改的字樣

　　　・若客人無法親自前來簽訂合約，可在電話中談妥細節及菜單，傳真至客戶請其簽完名後回傳，則視為正式合約

　　　・如客戶要求簽帳，需加填財務部的「消費信用申請表」，以提供財務部徵信之用

　　　・簽訂合約後如有修改，仍需重新準備新的合約，並影印發放至相關單位（尤其是餐飲作業單位及財務部）

　(2)特約事項：

　　　・客戶不得在飯店餐廳租用的場地破壞，或使用圖釘、大頭針、雙面膠於牆壁上

　　　・宴會的三天前，應決定宴會的保證人數及桌數

2.訂席代支辦法：在大型的宴會常遇到以下的狀況，宴會的主辦人因為付款及報帳的問題，需要餐廳配合統一事後結帳，或是用簽帳的方式，所以要求由宴會餐廳先行代墊現金。如司機的便當、買香煙的現金、宴會訂花的現金等。至於其他訂席代支辦法有待：(1)必須要填代支的內容，客戶的簽名、宴會主管的核准，再交至出納處預支現金；(2)代支費可加收15%的服務手續費；(3)可代支的最高金額，各餐廳可自行制定。一般以NT$3,000元為上限。

3.場地預留規則：飯店與餐廳的業務人員、訂席人員必須密切合作，來同時促銷與銷售宴會的場地，最好的管理辦法為雙方同時可單獨接洽業務，但訂席電腦系統的「新增」及「修改」部分，需交由餐飲訂席人員負責，每一位訂席人員需靠

電腦密碼（password）才可進入電腦的系統。如此，可大量減少「多頭馬車」之亂象及降低重複訂位（double booking）的狀況發生（參考**表10-11**）。有關於其他的場地預留規則有：

(1)接受訂席時，依各廳房使用的性質，先預留下一檔宴會的佈置時間。比如下午會議的場地，要注意不要答應客人可延長到傍晚，通常最晚至17：00左右，因為晚上的用餐宴會至少需三十分鐘的「翻檯」、「換場」、「Trun 場」時間。甚至如果是喜宴，新人通常在下午就會來排演或佈置場地，更需保留較多的換場時間與空間。

(2)場地使用確定後，應依「預收訂金的標準」之規則處理。

(3)已訂好或保留的場地，未經主辦者客人的同意，不得任意變更場地。

(4)場地未付訂金保留的時間：各餐廳需依訂席的狀況，自訂保留的期限，以下僅供參考，如果在保留期間，同一場地有其他的商機仍需把握，可加速客人付訂的意願。

 ・ 十五日內之訂席，可保留三日
 ・ 十六日至三十內之訂席，可保留一星期
 ・ 一個月以上的訂席，可保留二星期

4.預收訂金標準：為了穩固餐廳的營業額，及防止宴會取消的成本損失，所以需要求訂席的客人預付訂金。宴會訂金的標準因為餐飲成本約占30%，所以可以訂為是總生意額的三成為訂金。連鎖飯店的訂金收取流程，請參考**圖10-3**。各餐廳可視其需要自訂金額，例如：

(1)消費額在十萬元以下的宴會，訂金為三萬元。

表10-11　會議及宴席交接單

會議及宴席交接單

主辦單位／聯絡人： 電　　　　話：　　　　　　　　傳　　真： 會議／宴會名稱：　年　　月　　日　　時 場　　　　地： 人　數／桌　數： 前　場　佈　置：　　　　　　　　酌收費用：

會議特惠專案：NT$　　／每人／每日　（保證人數需在　人以上）
包含項目如下：□場租　□投影機　□幻燈機　□錄放影機　□電動銀幕
　　　　　　　□手提銀幕　　□簡報架　□海報　　□29"TV
　　　　　　　□33"TV　□麥克風有線____支　□紙筆　　□冰水
　　　　　　　□上／下午各一次茶點　　　□商業午餐

會議單項報價：
1.會議場租：
2.會議場地：
3.咖啡茶點：NT$ 90 ，120，160，240，280／每人／每日（　　　　）
4.午餐：NT$　　／每人／每日　午餐場地：
5.會議免費提供：□紙筆　□冰水　□烏龍茶　　　　□活動／固定白板／筆
　　　　　　　　□簡報架　□麥克風有線____ 支，無線____ 支
　　　　　　　　□投影機　□幻燈機　□電動銀幕　□手提銀幕
　　　　　　　　□海報____張　　　□免費停車卡____張
6.其他器材費用：

投影機	NT$	／每日	29"TV/Video	NT$	／每日
幻燈機	NT$	／每日	33"TV/Video	NT$	／每日
單槍投影機	NT$	／每日	單槍投影機／電腦用	NT$	／每日
電話專線（IDD）	NT$	／每日	電　費	NT$	／每日

餐式：
價格：NT$____／每桌/12人 加人加量（每位NT$____）酒水另計
　　　NT$____／每人
酒水：NT$ ____／瓶　□免收開瓶費 （開瓶費 NT$____／瓶）
免費停車證：　hr　張 □購買停車證
其他：
付款方式：□信用卡　□現金　□簽帳　□房帳_____□其他_____
業務部承辦人：_____ 日期_____ 訂席組承辦人：_____日期_____

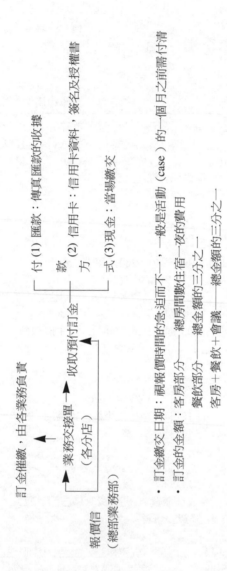

圖10-3　連鎖飯店的訂金收取流程

資料來源：福華連鎖飯店業務部

(2)消費額在一萬元以下的會議場租，訂金為場租的一半。

(3)公家機關經由承辦人簽名認可即算保障，可免收訂金，因為大部分的公家機關，均必須在活動完畢後才可申請經費來付款，固可免其預繳訂金。

(4)某些有提供會員卡的餐廳，會員可不需先付訂金。

5.合約取消注意事項：宴會因已付訂而要取消時，飯店餐廳可視是否造成餐飲成本及人事成本的損失，來決定其取消時訂金的處理標準。以下的取消注意事項的條文僅供參考：

(1)場地取消規則（ 參考**表10-12**）：

‧預留的宴會會議取消時，應先以電話通知相關餐飲單位

‧如為已付訂金的宴會取消時，需加填「宴會更改或取消」通知單，並說明取消的原因，作為業務檢討改進的憑據

‧已發的宴會通知單取消時，須重發一份註明「已取消」字樣的宴會通知單告知各相關部門及單位

(2)取消訂金處理標準：（以下建議僅供參考）

‧如於宴會舉辦前三十天前取消，可取回全數訂金

‧如於宴會舉辦前三十天之內取消，可取回半數訂金

‧如為不可抗拒的特別變故而取消，如天災， 可經由餐廳主管的決定而認可訂金的退還

表10-12 餐飲訂席取消報告表格

餐飲訂席取消報告

Regret Report

Date taken ————

By ————

公司名稱Company Name

聯絡人Contact Person

F&B： Request function on宴會日期 ————

At宴會地點 ————

Pax/table人數／桌數 ————

$ Per Pax/table價格／人／桌 ————

Room客房： Single ———————— Twin ————

From ———————— To ————

Room Rate ————

Reason for regret取消原因 ————

————

————

————

————

Total revenue loss $損失營業額 ————

Alternative Offered提供其他選擇 ————

Result結果 ————

Distribution副本抄送　F&B Manager

F&O Manager

呈　General Manager

第五節　業務計畫

　　業務人員為達成業績及完成上級交待的任務，雖然工作的忙碌使時間需有彈性，所有的業務事項仍需先計畫，才能在有限的時間內完成所有事項，也方便業務主管控制及評估。業務人員除了突發狀況及上級交待，均需按照業務計畫（sales planing）行動。

一、銷售區域管理

　　銷售責任區域（sales territory）的劃分可以以地域不同來分區，例如在大台北市的餐廳可以把台北以敦化南路及忠孝東路畫一個十字形，區分為四個區域來推廣；台中部分可分東西南北屯及外縣市彰化一帶。

　　業務計畫的決定，也受業務人員負責區域而有影響，原則上業務人員每一次出訪，最好是安排順路的路線，儘可能在預計的時間內完成任務。

二、業務計畫

　　業務計畫的決定，必須依據業務人員負責區域以優先順序來拜訪，例如，如果你必須去一家外商公司，在同一棟大樓有其他公司行號，是你這個月必須拜訪的對象，則在業務計畫週計畫的每日計畫中，你就必須把以上這些公司安排同一時段去訪問，如此只用花

一次交通費即可完成任務。一般業務計畫分為業務季計畫、業務月計畫（sales monthly plan）、業務週計畫（sale weekly plan）（包含業務日計畫）：

1. 業務月計畫：業務人員皆需完全掌握負責區域內的大客戶，由需特別注意提供業績的前一百名（Top 100），特別照顧前三十名（Top 30）。每月必須拜訪Top 30一次以上，所以要把他們一一預先安排在業務月計畫中。
2. 業務週計畫：在做業務拜訪之前，業務人員需先擬訂業務週計畫，繼續上一個星期的業務成果，及按照公司規定為達成業績量，而預先排定將拜訪的客戶，預排後需致電給客戶預約時間，如某客戶時間無法互相配合，再調整為一新的業務週計畫（如**表10-13**）。

表10-13　業務週計畫

日期 時間	星期一	星期二	星期三	星期四	星期五	星期六
上午	TOP100-1 TOP100-2 Case01-3	掃街	Case03-7 TOP100-8 TOP100-9	開發潛力客戶	Case05-16 TOP100-17 TOP100-18	業務會議
下午	TOP100-4 TOP100-5 Case02-6	掃樓	TOP100-10 TOP100-11 TOP100-12	Case04-13 TOP100-14 TOP100-15	Case06-19 TOP100-20	
附註						需提報：業務週計畫

*Case：餐飲預定案件
*TOP100：提供餐飲營業額前一百名之公司或客戶
*如果有臨時重要的商機，應立刻更改拜訪計畫前去爭取

為達成銷售的金額，業務員必須依據公司的目標，自己製訂每季、月、週及日的拜訪計畫與銷售計畫。

　　其步驟為：

1.參考公司營運目標。

2.業務員自擬訪問計畫表。

3.與主管檢討與改進，是否有主管交代事項需安排？

4.每週檢討計畫表的實際達成率及每日電訪報告（參考**表10-14**）、每日拜訪的內容報告（參考**表10-15**），呈主管過目之。

5.隨時可因臨時發生的狀況而改變拜訪活動。例如你聽說某公司老闆即將嫁女兒，而電話詢問後得知已在別的餐廳看過菜單及場地，此時你必須仔細考慮這個生意你去爭取的把握有幾成？你可以用何種方法去爭取？你是否需要更大的餐飲合約彈性？是否有其他的相關人士可幫助你？例如餐廳的經理及廚師。如果你的答案是肯定及有把握的，最好「速戰速決」，儘快準備好你的客用資料夾及小禮品，約好顧客就火速衝去，或是專程去迎接客人至餐廳用餐試菜，不努力到顧客拿出預付的訂金不可罷休。就算這一次的努力最後「偶爾」失敗，但是客人將對你的服務熱忱及速度，留下美好的印象，往往此顧客會有其他的生意源源而來，而且每一次都會要求由你來安排行程。所以業務人員平日努力的點滴，後日收獲滿盈。

表10-14 業務電話訪談單

分類：　　　　　　　　　　　　　　　　　　　Sales：_____

合約號碼：　　　　　　　　　　　　　　　　　日期：_____

公司行號 Co.Name	性質：	TEL FAX	
Key Person （職稱）		地址 Address	

1.客房

- 是否曾使用台北景文大飯店？　　　　□是　　　　□否
- 是否需要台北景文大飯店住宿服務　　□需要　　　□不需要
- 與台北哪些同級飯店簽約及折扣　　　□台北凱悅　____折
　　　　　　　　　　　　　　　　　　□遠東　　　____折
　　　　　　　　　　　　　　　　　　□西華　　　____折
　　　　　　　　　　　　　　　　　　□福華　　　____折
　　　　　　　　　　　　　　　　　　□環亞　　　____折
　　　　　　　　　　　　　　　　　　□其他　　　____折
- 是否需報合約折扣簽約　　□是　　　Grade　A　B　C
　　　　　　　　　　　　　□已簽約　　合約號碼_____
　　　　　　　　　　　　　□不用簽約_____
- 客人來自哪些地區或國家_____
- 來住客對客房評語_____
- 客人來住宿的頻率_____　　　　　　　　　　天／次
- 客人自訂／公司代訂

2.餐飲／會議

可曾來過台北景文飯店用餐／開會　　□有　　地點_____
　　　　　　　　　　　　　　　　　　□沒有

3.評語_____
_____

4.其他建議：_____
_____

5.大型住房會議需要：_____

6.特殊報價及原因：_____

表10-15　每日拜訪業務報告

業務人員： 公司名： 英文名： 地址： 電話： 傳真：
業務人員針對此次拜訪客人的主題，敘述拜訪的結果： 1.包含此次出訪的成果。 2.詢問的商機——無論是對客房或餐飲方面。 3.競爭者對顧客的折扣優惠。

三、銷售目標與責任額

個別銷售部門或銷售人員被分配到的銷售目標，就是該銷售部門或人員的責任額，一般責任額的總和會大於全餐廳或飯店的銷售目標，因為責任額不只是評估銷售人員績效的標準，也是一種激勵其努力的動力。

(一)責任額的類型

責任額有許多不同的類型，可以分為數量、費用、利潤、活動的次數：

1. 數量或金額責任額（volume quotas）：在餐旅界最常用。例如客房的客房夜（room night）數，餐飲的接洽成功的生意數量或總金額最是評估業績的標準。在餐飲方面用金額作標準較適合，因為單一喜宴的消費額可以上百萬是一般會議小則兩三千的數十倍。數量責任額可以和業務人員的報酬有密切的關係，但目前在各大飯店及餐飲企業中並不常見，可以鼓勵之。
2. 費用責任額（expense quotas）： 費用通常都有一個「上限」，通常業務人員因要產生業績而產生的費用有：
   (1) 交際費用：平日邀請顧客試菜成本、談生意的咖啡飲料、顧客生日時的蛋糕、贈送的菜品等。每一個層級的業務人員有不同的交際費用上限，舉例最基層的餐飲業務每月有一萬五千元的交際費用（按餐廳售價的一半內部轉帳），

而最高級的業務經理可有高達十萬元的交際費用。

(2)制服洗衣：業務人員的談吐及外觀，將影響到被拉攏過來的顧客，所以每日都要換穿乾淨整齊的制服，或自購的套裝而餐廳代付洗衣費用。

(3)餐旅贈送品：如贈送喜宴的冰雕，需支付冰塊的成本價及冰雕師的工資。餐飲喜宴贈送的蜜月客房，必須支付客房部以售價五折計算的成本為費用。

(4)拜訪禮物：業務人員可以運用各式的小禮物，來拉攏顧客的心。例如秘書們需要的商用文具、商務客人需要的公事包、指甲剪、旅行盥洗包、甚至與各名牌打出的「雙名牌」的只送不賣的實用品及收集品。

(5)交通費用：拜訪各公司行號，以及送贈品、月餅、月曆時除了坐公車之外，還可能是自行開車、搭計程車、飛機等交通工具，日積月累的交通費用相當可觀，可利用安排良好的拜訪計畫來節省交通費用。

(6)活動費用：業務人員配合公司的營運而有各種的搭配活動，需把費用分別預估出來。大型的國際旅展（TTE）可能包括工程製造費用、人口費用、獎品禮物費用、參展的餐飲成本費用等。

3.利潤責任額（profit quotas）：利潤可以分為毛利（gross profit）或淨利（net profit）計算，業務人員應該要把持住折扣及贈送，使費用降低，相對的利潤就會升高。

4.活動的次數責任額（activity quotas）： 業務人員每季都會配合公司的營運而有不同的搭配活動，如每年的國際旅展（TTE）、台北中華美食展（Taipei Chinese Food Festival）、

國外的旅展、各餐廳的美食節推廣及記者會，以及其他各項
活動均需要業務人員全員出動，且全力配合。

(二)決定責任額的方法

決定責任額的方式與原則（SMART），參考圖10-4。一般企業
是用銷售預估來決定責任額，但如果是新的產品或市場沒有辦法預
估時，可以利用過去經驗來幫忙，再加上業務主管的意見、銷售人
員的自我評量及進行成本效益分析，則決定出的責任額應該是最適
宜的。

四、顧客分類

為求更有效率的管理，節省人力及達到最大的業績效果，可以
把客戶加以分類，依不同的標準來進行服務及管理。分類的標準可
能是市場的潛力、營業額的大小、信用度的高低等。

1.市場的潛力：業務人員應瞭解潛在顧客的行業，隨時掌握最
　新的資訊，提供給自己及行銷部門，培養有潛力的顧客成為

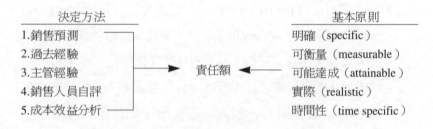

圖10-4　決定責任額的方法（SMART）

「明日之星」。

2. 營業額的大小：飯店中的餐飲部門可以用營業額的大小來區分；而客房部分則是消費客房數的多少。通常業務人員可以按各客戶去年所提供的客房數為參考，每年在重新修改折扣合約時，會用電腦計算各客戶的客房達成數量。

(1)重要客戶：重要的顧客通常都會是A等級的客人。但餐飲方面的重要客戶不一定是客房部的重要客戶，而客房方面的重要客戶也不一定是餐飲部的重要客戶，不同的業務人員要分別區分來管理。

(2)再把顧客分為三類——A等級、B等級、C等級，給予不同等級的房價折扣優惠。對A等級的顧客當然是給予最多的折扣，以量制價，業務人員也會對其特別服務及關照。A等級的顧客通常數量較少，B等級的顧客數量最多，而C等級的顧客通常貢獻較少，所以較不被重視，業務人員可以從中挑選有潛力的，期盼培養成「明日之星」。

3. 信用度的高低：業務人員應該幫助公司遠離信用度低的客戶，不能帶來一批只消費不付款的「大戶」，再多的生意公司仍然不賺錢。飯店的財務部門，每月會招開應收帳款的會議，讓業務人員瞭解哪一些公司行號有拖欠款的不良記錄，以後承接相關企業的生意時，可以預先要求訂金，如果拖欠的記錄多或金額龐大時，可以列入不往來的「黑名單」，旅館館際的財務聯繫將通知其他的同行，同樣對抗信用度低的客戶。

四、開發新客戶

要開發新客戶，應該要先找出潛在的客戶，而潛在的客戶來自四面八方，業務人員可以利用「潛在客戶」（PROSPECT），及「尋找潛在客戶」（PROSPECTING）的英文字母的意義來加上說明：

1.尋找，潛在客戶（PROSPECT）：

P：PROVIDE，「提供」每一位業務人員所負責的客戶的名單。

R：RECORD，「記錄」每日新增的客戶。如自行打電話詢問或訂餐訂房的客人。

O：ORGANIZE，「組織」客戶的資料，並做成記錄。

S：SELECT，如何「選擇」真正的準顧客。

P：PLAN，「計畫」──業務計畫、訪問行程、洽談對策等。

E：EXERCISE，「運用」聯想力。例如客房的團體生意連想到餐飲的搭配。

C：COLLECT，「收集」所有相關的資料能力。

T：TRAIN，「訓練」業務人員挑客戶的能力。

2. 尋找潛在客戶（PROSPECTING）：

P：PERSONAL，業務人員靠經驗的「個人」觀察所得。

R：RECORD，個人或公司的「記錄」及資料檔案。

O：OCCUPATION，「職業」相關而發生的商機。例如管理

顧客公司與飯店的會議生意。

S：SPOUSE，「配偶」的影響。例如扶輪社的社員夫人的餐會。

P：PUBLIC，「公開」的展示及說明。

E：ENCHAIN，靠「連鎖」方式而發展。

C：COLD，「冷淡陌生」的拜訪。

T：THROUGH，「經過」別人或其他事務的協助。

I：INFLUENCE，有「影響」人士的推薦與介紹。

N：NAME，「名片」及「名錄」的查詢。

G：GROUP，社團團體的介紹。

　　業務人員應該把握住每一個潛在客戶，繼續持續不斷地用電話及書信印刷品聯絡，保持許多的潛在客戶，為業務人員帶來安心與信心。於每星期的業務計畫中安排最有潛力的客戶前去拜訪，企圖發現其真正的潛力所在及大小。每一次的掃街及參加展覽會，均會比較誰收集到的名片張數及有潛力的比率，總之，尋找潛在客戶需要日積月累的努力來實現。

　　發掘潛在的客戶，才可以舒緩被搶奪重要客戶的夢魘，而開發新客戶是業務人員隨時必須做的事。尋找潛在客戶的方法有兩種，一種是一般性的分析，另一種則是資料分析法：

1.一般性的分析：

　(1)業務人員隨時都可能主動發現或被介紹——由顧客、朋友、親戚、有影響力的人士、同學或顧客的顧客等。

　(2)每日的行程中發現：如在A棟大樓拜訪客戶時，發現甲公

司,並培養成潛力客戶。

(3)其他:各式商展、機械展、印刷品、參與社團等。

2.資料分析法:

(1)報紙:廣告、公司行號的消息,如搬遷、開幕、擴廠、開分店、投資案、晉升及派任等消息。

(2)雜誌:專業性工商雜誌。關於產業動向、同業活動、競爭市場的相關消息。

(3)名冊:畢業紀念冊、公會團體名冊、企業年鑑、信用卡名冊、俱樂部名冊、扶輪社獅子會名冊等。用銷售奇襲戰法(參考表10-16),逐一完成銷售拜訪,挑選出有餐飲或客房需求潛力的客戶,填寫餐旅企業潛力客戶資料(如表10-17),分派給適合的業務人員,再進行下一波段的銷售行動。

五、鞏固老客戶

如果一個業務人員不明瞭「失掉一個老顧客,往往需要六倍的時間去再把它爭取回來」,將是一件辛苦的工作。從事產品的銷售及提供服務的各行各業,如果不能持續性地鞏固老顧客,則很難在競爭激烈、行銷方式無所不能的市場中生存下去的。

(一)客戶檔案──顧客的資料檔夾、記錄卡、電腦檔案

客戶建檔的文書工作可能用手寫或直接在電腦上作業,企業欲有效地鞏固老顧客,應該仔細做好顧客的資料建檔工作,可能是利用手工的顧客記錄卡、文書檔案的顧客資料檔夾、或可以聯繫及進

表10-16 銷售奇襲戰法報告

SALES BLITZ REPORTS

Date： APRIL 27, 1998
Location： 世界貿易中心
Topic： 軟體暨網路展
報告人：王小文

General：
1.此次展覽分公家機關及一般電腦廠商，還摻雜許多小型相關主題之廠商。
　公家機關及一般電腦廠商許多由台北地區人員出勤，而小型廠商預算有
　限，故需要住宿偏低。 但普遍對餐飲均有興趣，當天晚上即有一批廠商
　至自助餐廳用餐。
2.《中國時報》主辦陳先生及部分廠商表示，此次展覽中時劉xx先生並未統
　一替廠商訂住宿，故本飯店應於展覽之第一天或前一天佈置時前去推廣，
　成效將更大。
3.此次推廣發現，大部分廠商對本飯店均已知曉營運，卻不清楚有何服務內
　容及餐廳種類，一般反應本飯店業務推廣及廣告刊登不夠。 但近日稍有
　進步，廠商對本飯店此行皆表示興趣及歡迎。

With Room Potential：
1.金金實業江小姐表示每個月均會至台北洽商五至六天，將考慮本飯店。
2.高高資訊公司施麗麗小姐為大型電腦展之負責人，對本飯店住房及會議場
　地都有興趣。
3.芝麻街區經理陳小小表示願意來本飯店查看房間及場地。
4.泰泰科技公司孫副理對住房有強烈的意願。

With F& B Potential：
1.以下為會議廳場地租用意願廠商名稱：
　華翰電腦　　資策會　　　正航資訊（已訂場地）
　高高資訊　　資軟協會　　鉅盛集團
　合豐資訊　　泰泰科技　　艾維克（已訂場地）
2.大部分廠商均有餐飲意願，顯示業務人員在展示當天已做出成效。

表10-17　餐旅企業潛力客戶資料

```
┌────────────────────────────────────────────────────────┐
│                    餐旅企業潛力客戶資料                     │
│                                                          │
│ 日期：_____ │
│ 客戶資料：_____ │
│ 公司_____TEL：_____FAX：_____ │
│ 負責人_____ 承辦人_____ │
│ 行業類別_____ 地址_____ │
│ 已簽約飯店：□ 長榮桂冠 □ 永豐棧 □ 全國 □ 通豪 □台中福華│
│             □台中晶華 □其他                              │
│ 客源地區：  □歐美      □日本     □亞洲 □紐澳  □中南美   │
│             □非洲      □國人                             │
│ 需求產品：  □客房      □餐飲     □會議 □其他_____   │
│ 備　　註：  □Arrival Guest _____                 │
│                                                          │
│                                                          │
│                                                          │
│                                                          │
│                                                          │
│                                                          │
│                                                          │
│ 追蹤日期：1._____  2._____  3._____ │
│ 合　　約：□簽約_____  □存檔                            │
│ 工作分派：                                               │
│                                                          │
│ 編號：_____                            │
│                                                          │
│                                                          │
│ 聯絡人：_____                          │
└────────────────────────────────────────────────────────┘
```

一步分析的顧客電腦檔案。檔案中包括所有該公司或個人的相關資訊，如公司中英文名，聯絡人名、老闆生日、創辦年數、信用狀況、營業額（或訂房間數）的貢獻、未來的生意潛力、特殊的要求事項等（參考表10-18）。建立客戶檔案的用處是：

1. 促銷重複購買行動。
2. 依靠持續地聯絡，來產生較親密的關係。
3. 檢測顧客對產品及服務的態度。
4. 創造關聯銷售，提高顧客每次消費的平均額。

表10-18　飯店的客戶（個人或公司）資料內容

公司名稱： 聯絡人： 電話： 傳真： 地址： 去年Room Night： 目前Room Night： 餐飲需求：　　次數： 特殊要求： ・客房部分： ・餐飲部分：

(二)顧客的購買型態（如圖10-5）

　　分析顧客的購買型態，可分為第一次的「初購」或「新購」，後續的「續購」。而續購又可依消費的狀況區分為「換購」與「增購」。換購是指汰換舊品的續購，而增購指增加一台的續購。

(三)鞏固老顧客的方式

　　欲鞏固老顧客，需加強對其服務，在平時的訪問次數及頻率、交易的內容、任何服務的機會均需加強。

1. 會員制度：針對老顧客成立會員制，提供特別的服務。例如百貨公司常會舉辦「文化教室」；飯店的VIP會員卡餐飲消費打九折的服務。
2. 簽約公司或客戶：飯店的客房部分，針對特約公司預定年度客房量的多寡，給予不同等級的房價（room rate），簽訂不同折扣及保證房間數的合約，請參考**範例10-7**簽約公司的合約信。為了回饋簽約公司訂房的秘書小姐，除每年在秘書週時舉辦各式各樣活動來感謝秘書們之外，另有訂房回饋計

圖10-5　顧客的購買型態

畫，讓秘書訂得越多，回饋越多（如圖10-6）。

3. 卡券制度：針對老顧客，憑券入場、累計的購物卡片及現金折扣等。

4. 贈送餐廳活動雜誌：把餐廳未來的活動及已發生的事件登在專屬的刊物上，寄給特定的對象。

範例10-7 簽約公司的合約信

公司名稱：大戶鋼鐵

聯絡人：

地址：

電話：

合約號碼：888-000-001

親愛的客戶：

感謝您對本飯店的支持與愛護！在新的一年裏，金金大飯店將繼續一本熱誠的宗旨為您服務效力。

特此寄上合約兩份，敬請簽章完成後將其中乙份合約寄回台北市信義路99號台北金金飯店業務部，以便留存建檔。並請您記下您個人或公司專屬的合約號碼，於訂房時告知訂房人員。即刻起，您亦可即時獲得新年度所提供之優惠服務。至1999年12月31日住房可享有下列權益：

1. 一般樓層之單人客房$4,900NET，加一人加價$300。

2. 旺季時段優先訂房。

3. 迎賓四季水果、每日日報、房客免費停車。

4. 免費使用飯店之三溫暖乙次及健身房設備。

5. 專員處理簽約客戶事宜。

6. 飯店雜誌定期贈閱。

7. 快速遷入／退房服務。

8. 請於每次新訂房時，告知專屬合約代碼，以利確定訂房記錄之正確性。

9. 延長退房時間，最遲可至下午三點鐘以前退房，不另收費。此點必須提前告知櫃檯部當班副理，視當日房間狀況而定。

10. 為保障您個人之優惠價、折扣及各項禮遇服務，請您於一年內提供台北金金大飯店150天之客房住宿之天數記錄，將依實際住宿天數累積至當年底計算之。

為享有以上所有權益，訂房時請告知　貴公司名稱或專屬合約號碼，以利作業。

我們的訂房電話：（02）888-8888轉訂房組

傳真：（02）666-6666。

再次感謝您的支持，如需索取飯店各項資訊，敬請來電聯絡，謝謝！

台北金金大飯店　　　　　　　　　　　張大戶　董事長

業務行銷部　　　　　　　　　　　　　日期：

經理　陳大民

日期：JAN.30,1999

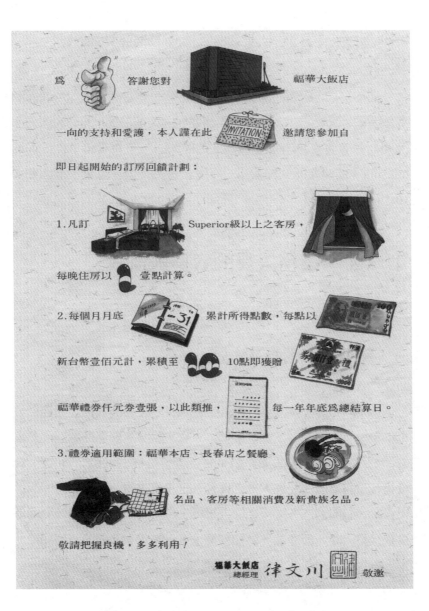

為　　　　答謝您對　　　　　　　　　福華大飯店

一向的支持和愛護，本人謹在此　　　邀請您參加自

即日起開始的訂房回饋計劃：

1.凡訂　　　　　　　Superior級以上之客房，

每晚住房以　　壹點計算。

2.每個月月底　　　　累計所得點數，每點以

新台幣壹佰元計，累積至　　　10點即獲贈

福華禮券仟元券壹張，以此類推，　　每一年年底為總結算日。

3.禮券適用範圍：福華本店、長春店之餐廳、

名品、客房等相關消費及新貴族名品。

敬請把握良機，多多利用！

福華大飯店
總經理　律文川　　敬邀

圖10-6　　台北福華飯店的訂房回饋計畫

資料來源：台北福華飯店

六、業務人員的作息表

　　從一大早，飯店的業務工作即已展開，如有辦退房（check out）的重要顧客或團體，業務人員視需要與其共進早餐、幫助完成退房及親自送客與安排叫車等事務。忙碌的一天，在業務早會（sales briefing）結束後正式開始——有關業務人員的作息表，請參考**表 10-19**。

第六節　業務人員的資格與訓練

一、銷售人員的招募

　　員工的招募不是只是人事部門的職責，主要的責任應在招募員工的部門，人事部只是提供彙總、登報、過濾、聯絡等事宜，真正的面談對象是招募員工的部門主管。所謂招募（recruitment），是泛指各項用以吸引社會大眾有興趣人士，前來應徵特定職位的活動與作業。翻開國內各大報紙的人事版，最常刊登的工作可以發現是業務行銷人員，而餐旅界是如何要求其銷售人員？請參考**圖10-7**，餐旅銷售人員招募的考慮因素。

表10-19　業務人員的作息表

時間	工作項目
07:00 08:30	1.親自目送重要房客及團體 2.與顧客的早餐會
08:40 09:00	1.整理昨日未完成的文書工作 2.業務早會——遵從主管的交待事項及報告昨日完成的業務拜訪
09:00 09:30	1.拜訪出發的準備工作——對即將拜訪的公司再電話確認拜訪的時間、促銷品介紹、客用資料夾、小禮物、名片等 2.交通費準備 3.同行人員聯絡。按顧客重要程度與職級大小,安排業務主管同行拜訪 4.與主管請示特殊狀況的處理方式 5.09:30出發,出發前再檢查一次需攜帶的行銷工具
09:30 12:00	1.開始拜訪第一家客戶,通常由最重要的A等級客戶開始,或是交通路線最順暢的起始點 2.上午預計拜訪三至四家顧客 3.在等待key person或結束洽談前,可以藉由閒聊來獲取資料情報
12:00 13:30	午餐時間(如趕不回公司,可以視情況申請外食的誤餐費) 午間休息
13:30 14:30	1.反省上午的工作進度及狀況,在下午時可稍微調整 2.14:30出發
14:30 16:30	1.開始拜訪下午的第一家客戶 2.下午預計拜訪三至四家顧客
16:30 17:30	1.回電留言 2.電話聯絡function事宜 3.整理已完成的訪問資料,並寫成業務報告 4.打電腦報價單,並完成傳真報價 5.整理及確認明日拜訪行程
17:30	下班
17:30	1.如果有重要VIP需迎賓,則需留下來等待,並聯絡公關部門,安排拍照事宜 2.餐廳的重要顧客宴席,需打過招呼及關照至無誤才可離開

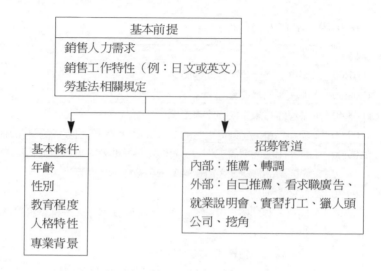

```
┌─────────────────────────────────────┐
│              基本前提                 │
├─────────────────────────────────────┤
│ 銷售人力需求                          │
│ 銷售工作特性（例：日文或英文）          │
│ 勞基法相關規定                         │
└─────────────────────────────────────┘
```

┌──────────────┐   ┌───────────────────────────────┐
│   基本條件   │   │   招募管道   │
├──────────────┤   ├───────────────────────────────┤
│ 年齡   │   │ 內部：推薦、轉調   │
│ 性別   │   │ 外部：自己推薦、看求職廣告、   │
│ 教育程度   │   │ 就業說明會、實習打工、獵人頭   │
│ 人格特性   │   │ 公司、挖角   │
│ 專業背景   │   └───────────────────────────────┘
└──────────────┘

圖10-7　餐旅銷售人員招募的考慮因素

　　餐旅銷售人員的人格特質是很重要的基本條件，因為必須持續不斷地接觸客人，個性不可太害羞內向，需喜歡接受不同的挑戰，最好是親和力佳的「俊男美女」、活潑能幹的外向人員、喜歡積極進取及追求高薪，或者是鄉土味重、洋味重的語言專家。而大飯店業務部主管的能力要求均希望有外場（operation）的工作經驗，或相關的業務工作數年。

　　業務挖角為餐飲業最常用的方法，因為好的客人會跟著好的業務走，所以各餐旅企業應該努力提高業務人員的向心力，否則往往都是花大筆的經費在幫別人（競爭者）培養人才。至於內部推薦或轉調，客房業務人員最適合從櫃檯人員而來，因為已具備完整的客房知識與語言能力；而餐飲業務人員（或訂席員）適合從餐廳外場的領班來勝任，最好是宴會廳的，因為已具備完整的餐飲知識、菜單知識、宴會經驗是非常重要的，且需時間及案件慢慢累積經驗。

二、銷售人員的訓練

　　銷售人員必須受到完整的訓練，再獨立作業為客戶進行訂餐或訂房的服務。但是由於業務人員的替換率太高，常常客戶還不熟悉新的業務人員，又必須再認識另一個新的人。所以大的客戶必須掌控在有經驗且資深的業務人員手上，才不會遭受到服務無法連貫的問題。有關飯店中餐飲業務人員的訓練內容及過程，可以參考**範例10-8**。

┌─ **範例10-8　業務代表訓練計畫** ─┐

　　新進業務代表訓練計畫實施（二星期），需要在餐飲部各單位受到以下的內容訓練：

- 餐飲部辦公室　經理面談
　　/ 訂席組
- 中 / 西餐　　餐廳 B 領班：基本服務技能講解及操作
　　飲務 / 宴會　　　　　　　各餐廳詳細介紹 / 特殊菜色
　　　　　　　　　　　　　　如何買單（會員卡、信用卡）
　　　　　　　餐廳 A 領班：如何配中 / 西菜
　　　　　　　　　　　　　　中 / 西菜與酒之搭配
　　　　　　　　　　　　　　各廳訂席本 / 宴會通知單
　　　　　　　　　　　　　　客人特殊要求及處理
　　　　　　　餐廳副理　：如何處理客人抱怨
　　　　　　　　　　　　　　各餐廳基本客源及重要貴賓

如何招待客人

餐廳經理 ：如何開發客源及保留住客源

該廳與其他單位之配合

人員編制及管理

營業額達成率

二星期訓練的內容：

第N天	地點	工作項目	訓練者
1	餐飲部 辦公室	·餐飲部各餐廳簡介 ·各廳正、副主廚及經、副理介紹 ·餐飲部文書工作、與各部門互動關係 ·餐飲部美食節記錄、籌劃、配合事項	餐飲部 行政人員
2	咖啡廳	·營業項目、價錢、時間、飲料基本常識 · Wine List & Beverage List	調酒員 領班
3	自助餐廳	·營業項目、價錢、時間 ·早餐、午餐、晚餐菜色及基本服務操作	領班 副理
4	法式餐廳 客房餐飲	·菜單 ·法式料理服務 ·客房餐飲電腦系統&如何送餐	領班 副理
5	會議廳	·會議室大小各型態容量、租金、設備 ·如何看會議場地 ·會議專案、會議假期	領班 副理
6	宴會廳	·營業型態、餐價、時間 ·菜單（午晚、下午茶） ·合菜、會議盒餐、蛋糕外賣	領班 副理
7	宴會廳	·營業型態、餐價、時間 ·菜單（單點、套餐菜單、桌菜、合菜） ·基本配菜知識及技巧 ·如何做小吃區、廳房服務	領班 副理
8	休假		

第N天	地點	工作項目	訓練者
9	宴會廳	・宴會場地排法、容量、設備 ・如何看場、如何排各型場地 ・如何處理客人各種要求及抱怨	領班 副理
10	中餐廳	・訂餐程序 ・中餐廳如何點菜、配菜 ・平均價位及各類價位、餐廳營業時間	領班 副理
11	宴會廳	・場地大小 ・各類宴會及會議排法及最大容量 ・宴會現場人員安排各類場地所需之人力 　及時間，人員作業方式 ・食物及各類supply運輸方式及動線	領班 副理
12	訂席	・各樓餐廳訂餐（菜單、價位、聯絡方式） ・訂席工作職掌及訂席電腦系統 ・宴會廳如何訂喜宴及喜宴專案	指定訂席員 訂席主管
13		・如何付訂金及開發票 ・會議廳如何訂會議於各樓層及注意事項 ・會議各種桌型擺法 ・全館器材、設備租借狀況	
14	休假		

三、銷售人員的督導

所謂銷售的督導（supervision），就是銷售主管以上級的身分，對銷售部署日常作業表現加以監督及指導。至於督導的內容及方法，也可以稱為在職訓練（on the job training）的一部分（**表10-20**）。督導工作必須要持之以恆，但在訓練完一位銷售人員且可以開始獨立作業之後，業務主管應該給予完全授權，放心且放手地讓業務新手一人去作業，不要總是用call機或手機不停地遙控。如果

表10-20　銷售督導的內容及方法

	監督	指導
內容	・工作時間的控制 ・工作計畫的完成 ・上級交辦的事項 ・責任額的完成率 ・工作流程的正確性 ・活動的參與與達成	・時間安排運用的技巧 ・選擇有潛力的客人 ・訪談的技巧 ・內部協調運作
方法	・直接方式：每日早會、面談、陪同拜訪客戶 ・間接方式：批示業務報告、責任額達成報表、每日銷售業績分析、報表、住房率及訂席預定一覽表	・陪同拜訪客戶時的細節指導：例如顧客喜好、秘書如何過濾、最恰當巧遇董事長的時機等 ・訪談生意的示範 ・直接指示

徵試進來的業務人員是這麼不可被主管信任，也同樣會讓客戶產生不信賴的感覺，業務主管應該在訓練及試用期滿之前，先讓其離職，以免將來影響整個業務團隊。

激勵業務人員與督導同樣重要，如果主管的「督導」可以被感覺是「關心」，也是激勵部署的一種方法。當然最好的激勵方式應該是具體有形的，例如加薪、增加紅利及佣金、獎品等。其他在餐旅界業務組織中常用的激勵方式如下所述：

1. 報酬：薪資、紅利、佣金、津貼、獎金及員工福利。例如資深的業務主管，均可在自己的飯店及餐廳用餐，用誤餐費來報費用，費用的金額將視表現及職級不同而不同。
2. 非金錢的報酬：得到升遷機會、獎牌或獎狀。
3. 業績績效評估：達到責任額，表示其績效良好；如超出責任

額時，被視為績效優異。

4.主管的督導：主管的領導風格、主管對個人的關照。

5.訓練與進修的規劃：此部分是筆者認為國內餐旅是業務部門
需要加強的部分。有關業務一般的訓練可由業務內部的主管
或相關單位來訓練即可，但還有更專業的部分，應該要定期
安排相關主題的學者專家來演講及授課，業務人員自我的涵
養及修持也是很重要的。例如屬於員工福利的保健演講，也
應該安排業務人員去參加、因為唯有健康的身體，才有精神
與體力為公司奔波及打拼。

　　至於業務主管的進修及工作規劃更為缺乏，這也是為何業務人
員的流動率偏高的主要原因。因為集所有銷售知識與經驗於一生的
業務人員，手上掌握公司的重要客戶，如果此時對公司無向心力，
也無法從公司得到再成長的機會，則會選擇跳槽。所以鼓勵進修及
對工作規劃的安排是必須的，例如可以計畫業務副理均需參與國外
的推廣計畫，年資滿五年者可申請留職停薪，至國內外進修相關學
位，而工作規劃可以安排業務主管與行銷公關，甚至餐飲客房主管
輪調，雖然現在的趨勢是偏向專長，但是如果要成為一個飯店或餐
飲連鎖機構的總經理，必須在各個層面皆有基本的管理觀念及經驗
較佳。

四、銷售成果的評估

　　業務人員的考績是每年做一次評估，但是因為責任額的達成
率，每個月可以在財務的分析報表中得知是否達到預定業績，在業

務部的報表中即知個別業務人員是否達成其被分配的責任額。績效評估（performance appraisal）是一種正式有制度的系統，可以測量及評估業務人員的表現及工作能力。

(一)績效評估的重要性

業務部門的員工可以透過績效的評估而得到以下的好處，所以任何餐飲企業均需設立一個完善的評估準則，由此可以看見績效評估的重要性。績效的評估可以幫助業者：

1. 獎懲（compensation）：決定適當的薪資及紅利。幫助決定是否可報加班或補休、警告或處罰。
2. 促進組織發展（development）：激動及鼓舞業務人員，持續不斷地努力。
3. 內部回饋（feedback）：促使業務經理及業務人員的密切合作關係。
4. 達成公司及個人的銷售目標（goals）：達成責任額。
5. 人事（personnel）的安排及異動：如果三個月後，大部分的業務均無法達成責任額，可考慮再增加新的業務人員，修訂新的工作職責，或重新分配新的工作區域。
6. 計畫（planning）的安排：提供對人事、訓練及成本的相關資訊。
7. 訓練（training）：由業務人員的各項業績表現，可以找出其較弱的部分來加以訓練。

(二)績效評估的內容及方法

績效評估的內容及方法有許多種，最重要的銷售評估方式——餐飲部分為餐飲金額及次數的達成，客房部分為客房住夜數。以下為績效評估內容及方法的介紹：

1.量（quanity）的層面：

(1)銷售數量：餐飲及客房的生意數量當然是越多越好。比如接到一個喜宴（消費金額有五十萬元）的業務人員，比接到十個會議生意（消費金額共十萬元）的業務在銷售數量上較差。

・銷售金額：單一餐飲生意的銷售金額可以有數十倍的差異，所有在比較完數量後，應該再仔細比較實際的銷售金額。訂房數有可能訂一間或一百間，而同樣訂一間客房也會有住幾個晚上的差異。例如住一晚客房是5,000元，住十個晚上將消費50,000元

・銷售利潤：牽涉到因獲得此生意而發生的成本，可能是拜訪時的交通及禮物成本、贈送或折扣的成本、專屬銷售人員與現場服務人員的人事成本。銷售金額減去各項成本即為可得到的利潤

(2)每日平均拜訪客數：平均以上午、下午各三家為基礎。

(3)責任額的達成率。

(4)銷售成本：越低越好，但是仍需維持一定的水準。

(5)成交的比例：越高越好，將視業務人員的經驗而升高。

常常在飯店會有一種狀況，就是必須犧牲客房，配合餐

飲;或是犧牲餐飲,配合客房;原因有時是客人的報帳問題、預算問題及整體的搭配問題等。

(6)平均每筆成交的金額:儘量把持住折扣的防線,使每一個進入飯店的生意,從用餐、住宿及休閒活動均使用同一公司的,促使銷售的總金額高。

(7)新開發客戶的數量:業務人員必須在自己的負責區域,再開發出新的有潛力的顧客,如此生意量才會源源不斷。也可避免因總是過份「寵壞」某些VIP,造成不斷地折扣及贈送,被客人牽著鼻子走。

(8)每日的產品預訂量(daily number of bookings):總數、金額大小及產品分類後的預訂數量。

(9)全體業績排名。

2.質(quality)的層面:質的層面大多依賴主觀的判斷,因此很容易造成因某項因素給予全面肯定或全面否定的現象,或主管自己的主觀及自然形成的「刻板印象」等問題。因此,銷售主管應該要努力避免以上的問題,也可以把質的層面當成協助部署的參考資料,不應直接立即反應到考績或升遷。

(1)銷售的能力與技巧:容易找到最佳的銷售時機(sales points)、對產品的認知、傾聽的技巧、溝通合作的能力及知道何時應該有效地完成業務拜訪。

(2)個人的管理:包括日常生活的管理、個人清潔及衛生、做人做事的態度、對外及對內的人際關係、自我激勵及動機、團隊的精神、對公務車的維護等,均應該被考慮在內。

(3)業務分區、地理區域的管理:由分行業務經理主導。

參考文獻

中文部分

1. 姚舜，〈福華飯店以平價作風稱霸一方〉，《工商時報》，10 版，1997年11月2日。

2. 吳真偉譯，《廣告與促銷》，台灣西書出版社，1999年3月。

3. 葉日武，《行銷學理論與實務》，前程企業管理公司，1998 年6月。

4. 蕭富峰，《內部行銷》，頁215-223。

5. 洪順慶著，《行銷管理學》，台北：新陸書局，1999年1月。

6. 洪順慶、黃深燻、黃俊英、劉宗其合著，《行銷管理學》，台北：新陸書局，1998年9月。

7. 王昭正譯，《餐旅服務業與觀光行銷》，弘智書局，1999 年。

8. 施涵蘊，《菜單設計入門》，百通圖書，1997年2月。

9. 林志誠，《打造銷售戰將——如何成為市場銷售贏家》，赫通文化，1998年12月。

10. 樓永堅譯，《45個最重要的行銷概念》，滾石文化，1998年11月。

11. 賴東熊、黃晏雄、丸山隆男合著，《突破不景氣行銷戰略解

析》，財團法人連德工商發展基金會，1997年5月。

12.洪綾君譯，《行銷研究》，台灣西書出版社，1999年1月。

13.林進乾，《超級銷售術——實務操演手冊》，科技圖書，
1998年4月。

14.李成嶽譯，《如何永遠贏得顧客》，中國生產力中心，1990
年。

15.吳士民譯，《職場個人公關》，方智出版社，1994年12月。

16.李淑嫻譯，《公關高手——經營人際關係的藝術》，天下文
化出版社，1995年9月。

17.創意力編譯組譯，《小企業的廣告戰術》，創意力文化，
1996年11月。

18.李漢華，《直效行銷企劃高手》，台灣廣夏國際出版集團，
1996年12月。

19.黃憲仁編著，《行銷高手實務》，憲業企管顧客公司，1998
年10月。

20.黃憲仁編著，《促銷管理實務》，憲業企管顧客公司，1998
年10月。

21.楊佳生譯，《實學行銷》，新雨出版社，1999年1月。

22.施涵蘊、陳綱編著，《飯店行銷管理》，百通圖書，1997年
7月。

23.萬光玲、賈麗娟合著，《宴會設計入門》，百通圖書，1996
年9月。

24.L. Gartside，《標準英文商業書信》，敦煌書局，1996年5
月。

25.丁乃純譯，《S.E.P.行銷寶典》，奧林文化，1999年。

26.謝明成，張順程合著，《餐旅行銷概論》，眾文圖書公司，1994年11月。

27.劉鉅堂譯，《葡萄酒入門》，台北：聯經出版社，1997年3月。

28.《廣告雜誌》，1999年4月。

29.《酒客雜誌》，1999年7月。

30.Maggie Liu，《食通》，pp.124-127.

31.林東海編著，葉辰智插圖，《POP廣告理論&實務篇》，北星圖書公司，1995年5月，第一至四章。

英文部分

1.James W. Cortada, *TQM for Sales and Marketing Management*, McGraw-Hill, Inc., 1993, 17-24.

2.Tom Powers, *Marketing Hospitality,* John Wiley & Sons, Inc., 1997, 148-152.

3.Robert C. Lewis, *Marketing Leadership in Hospitality-Foundations and Practices,* Van Nostrand Reinhold, 1989, 317-322.

4.Joseph P. Guiltinan, *Marketing Management-Strategies and Programs,* McGraw-Hill, Inc.,1991, 35-38.

5.Philip Kotler, *Marketing-an introduction,* Prentice-Hall International, Inc., 1993, 37-41.

6.Philip Kotler, *Marketing Management-Analysis, Planning, Implementation, and Control,* Prentice-Hall International, Inc., 1994, 267-270.

7.Milton T. Astroff, *Convention Sales and Services,* Warerbury Press, 1991.

8.Charles Futrell, *Sales Management,* The Dryden Press, 1994, 72-89.

9.Philip Kotler, *Principle of Marketing,* Prentice-Hall International, Inc., 1989, 43-51.

10.Jack E. Miller, *Menu Pricing Strategy,* Van Nostrand Reinhold, 1996, 67-87.

11.John A. Drysdale, *Profitable Menu Planning,* Prentice Hall, 1998, 77-94.

12.Ahmed Ismail, *Catering Sales and Convention Service,* Delmar Publishers, 1998, 155-187.

13.Phil Robert, *Service that Sales-the art of profitable hospitality,*

14.Peter D. Bennett, *Dictionary of Marketing Terms,* 2nd Ed., NTC Pub. Group, 1995, p.206.

感　謝

*Here*雜誌

台北凱悅大飯店

台北華國洲際飯店

台北福華飯店

台北遠東國際大飯店

台中永豐棧麗緻酒店

台中福華飯店

台中長榮桂冠酒店

佛朗明哥渡假俱樂部

希爾頓大飯店

亞都麗緻大飯店

春天旅遊

高雄漢來大飯店

高雄霖園大飯店

國賓大飯店

晶華酒店

富邦銀行信用卡

鴻禧大溪別館

景文技術學院餐飲管理科
　日間部第二屆畢業生

餐飲旅館系列

餐飲行銷實務

作　　者／胡夢蕾
出 版 者／揚智文化事業股份有限公司
發 行 人／葉忠賢
總 編 輯／閻富萍
特約執編／鄭美誅
地　　址／新北市深坑區北深路三段 258 號 8 樓
電　　話／(02)8662-6826
傳　　真／(02)2664-7633
網　　址／http://www.ycrc.com.tw
 E-mail　／service@ycrc.com.tw
 I S B N　／957-818-189-2
初版一刷／2000 年 11 月
初版十三刷／2021 年 9 月
定　　價／新台幣 450 元

國家圖書館出版品預行編目（CIP）資料

餐飲行銷實務=胡夢蕾著. -- 初版. -- 台北
市：揚智文化， 2021 [民 89]
　　面； 公分.--（餐旅叢書）

ISBN 957-298818-377189-52（平裝）

1.飲食業-管理　2.市場學

483.8　　　　　　　　　　　　89012419